财商

U0181927

庞春辉／编著

让你抓住每一个稍纵即逝的机会
成就财务自由的自己

民主与建设出版社
·北京·

ⓒ 民主与建设出版社，2021

图书在版编目（CIP）数据

财商.让你抓住每一个稍纵即逝的机会，成就财务自
由的自己/庞春辉编著.—北京：民主与建设出版社，
2021.6（2023.4重印）
（人生智慧系列）
ISBN 978-7-5139-3532-6

Ⅰ.①财… Ⅱ.①庞… Ⅲ.①财务管理 - 通俗读物
Ⅳ.①TS976.15-49

中国版本图书馆 CIP 数据核字（2021）第 085226 号

财商.让你抓住每一个稍纵即逝的机会，成就财务自由的自己
CAISHANGRANG NI ZHUAZHU MEIYIGE SHAOZONGJISHI DE JIHUICHENGJIU CAIWUZIYOU DE ZIJI

编　　著	庞春辉	
责任编辑	王　颂	
封面设计	于　芳	
出版发行	民主与建设出版社有限责任公司	
电　　话	（010）59417747 59419778	
社　　址	北京市海淀区西三环中路 10 号望海楼 E 座 7 层	
邮　　编	100142	
印　　刷	三河市新科印务有限公司	
版　　次	2021 年 6 月第 1 版	
印　　次	2023 年 4 月第 2 次印刷	
开　　本	880 毫米×1230 毫米　1/32	
印　　张	21	
字　　数	450 千字	
书　　号	ISBN 978-7-5139-3532-6	
定　　价	108.00 元（全三册）	

注：如有印、装质量问题，请与出版社联系。

前　言

　　如果说智商是衡量一个人思考问题的能力，情商是衡量一个人控制情感的能力，那么财商就是衡量一个人控制金钱的能力。财商并不在于你有钱，而在于你有控制钱，并使它们为你带来更多的钱的能力，以及你能使这些钱维持得长久。财商高的人，他们自己并不需要付出多大的努力，钱会为他们努力工作，所以他们可以花很多的时间去干自己喜欢干的事情。

　　简单地说，财商就是人作为经济人，在现在这个经济社会里的生存能力，是判断一个人怎样能挣钱的敏锐性，是会计、投资、市场营销和法律等各方面能力的综合。美国理财专家罗伯特·T. 清崎认为："财商不是你赚了多少钱，而是你有多少钱，钱为你工作的努力程度，以及你的钱能维持几代。"他认为，要想在财务上变得更安全，人们除了具备当雇员和自由职业者的能力之外，还应该同时学会做企业主和投资者。如果一个人能够充当几种不同的角色，他就会感到很安全，即使他的钱很少。他所要做的就是等待机会来运用他的知识，然后赚到钱。

　　财商与你挣多少钱没有关系，财商是测算你能留住多少钱，以及让这些钱为你工作多久的指标。随着年龄的增大，如果你的钱能够不断地给你买回更多的自由、幸福、健康和人生选择的话，那么就意味着你的财商在增加。财商的高低与智力水平并没有必然的联系。

财商的高低在一定程度上决定了一个人是贫穷还是富有。一个拥有高财商的人，即使他现在是贫穷的，那也只是暂时的，他必将成为富人；相反，一个低财商的人，即使他现在很有钱，他的钱终究会花完，他终将成为穷人。

本书从三个方面详细讲述了如何理财和进行财商方面的投资，掌握提高财商的基本方法；懂得如何运用财商，捕捉别人无法识别的机会；懂得运用正确的财商观念指导自己的投资行为，学会架构自己的投资策略体系，掌握实用的投资方法，等等。因此，贫穷并不可怕，关键在于你要提高财商，改变自己的思维，学会像成功者一样思考，像成功者一样行动，最终你对财富的渴望就可能变成现实。

目　录

上篇　懂思考

中篇　懂理财

上篇

懂思考

第一章 财商靠思维，善于捕捉赚钱的灵感

获取财富靠的就是财商

为什么在学校里成绩优秀的人在现实世界中并不总能获得财务上和事业上的成功？一位专家的答案是：情商比智商更有影响力，因此那些敢于承担风险、犯错误然后改正错误的人会比那些因害怕风险而不犯错误的人做得更好；太多的人以优秀的分数毕业，而情感上却并没有准备好去承担风险，尤其是财务风险。

可以肯定的是，挣钱不一定需要有多么高层次的教育背景。许多成功人士在获得大学学位前就离开了学校。这些人中有通用电气的创始人托马斯·爱迪生、福特汽车公司的创始人亨利·福特、微软的创始人比尔·盖茨、CNN的创始人泰德·特纳、戴尔计算机公司的创始人迈克尔·戴尔、苹果电脑的创始人史蒂夫·乔布斯，还有保罗的创始人拉尔夫·劳伦。入学教育对于获得传统职业的确十分重要，但是对于人们如何创造巨额财富却并不重要。金钱

的产生可以有许多不同的途径，除了靠体力劳动挣钱外，还有其他一些更有效的挣钱方法。

一旦我们离开学校，我们之中大部分人就会意识到，仅仅有大学文凭或好分数是远远不够的。在校园之外的现实世界里，有许多比好分数更为重要的东西，我常常听到人们将这些东西称为"魄力""勇气""毅力""胆识""精明""果决""才华横溢"等。不管怎么称呼，这都是比学校分数更能从根本上决定人们未来的因素。

在我们每个人的性格当中，既有勇敢、聪明、泼辣的一面，也有畏惧、愚昧和胆怯的一面。过分的畏惧和自我怀疑是浪费我们才能的最大因素。在现实世界里，人们往往是依靠勇气而不是聪明去领先于其他人的。

观念往往会影响一个人的一生，人们在以他们的思想塑造他们的生活道路。在获取财富方面，最重要的就是财商。财商就是"财务智商"的简称。它包括以下几个方面的内容：

（1）个人的心理素质和在生活中潜能发挥的程度。所有的人都拥有巨大的潜能。然而，我们都或多或少地存在着某种自我怀疑，从而阻碍了自己的前进。阻碍我们前进的障碍很少是由于缺乏技术性信息，更多的是由于缺乏自信。

（2）掌握的与经营事业有关的知识，包括：财务知识、法律知识、经营策略等。虽然智谋型投资者并不一定是律师，但是他们会依据法律，按投资项目和潜在利润制定投资策略。他们常常会利用不同的法律法规，以极小的风险获得较高的投资回报。

（3）是否有符合时代潮流的投资理念和价值观。

（4）经营能力，包括：营销策划能力、对市场的分析预测能力、组织管理能力等。

虽然钱是完全相同的，但是挣钱的途径却可以截然不同。不同的挣钱方法源于不同的思维模式、不同的技术技能、不同的教育背景以及不同的性格类型。一种赚钱的方法不一定比另一种赚钱的方法好，每种职业都有自己的特点。在每个职业中获得发展都需要一定的财商，高的财商能够使你用更敏锐的眼光去选择最适合你的生财之路。

财商高的人最善于思考

财商高的人为什么能成功？思考是其中一个重要的因素，财商高的人都善于努力思考，思考为他们带来了巨额的财富。

思考是大脑的活动，人的一切行为都受它的指导和支配。成功人士为什么会成功？说到底是因为他们具有独特的思考技巧，是思考决定了他们的成功。

人类思考是一种理性的劳动。学而不思，死啃书本，其结果只能是学一是一、学一知一，不能达到举一反三、触类旁通的境界，最后不是故步自封、掉进教条主义的泥坑，就是变成死抠字句、思想僵化的书呆子。

所以，在成功人士看来，能够用自己的脑子整合别人的知识也是一种思考的技巧。

28 岁时，霍华德还在纽约自己的律师事务所工作。面对众多的大富翁，霍华德不禁对自己清贫的处境感到辛酸。他想，这种日子不能再过下去了。他决定闯荡一番。有什么好办法呢？左思右想，他想到了借贷。

这天一大早，霍华德来到律师事务所，处理完几件法律事务后，他关上大门到街对面的一家银行去。找到这家银行的借贷部经理之后，霍华德声称要借一笔钱修缮律师事务所。在美国，律师是惹不得的，他们人头熟、关系广，有很高的地位。因此，当他走出银行大门的时候，他的手中已握着 1 万美元。完成这一切，他前后总共用了不到 1 个小时。

之后，霍华德又走了两家银行，重复了刚才的手法。霍华德将这几笔钱又存进一家银行，存款利息与它们的借款利息大体上也差不了多少。只几个月后，霍华德就把存款取了出来，还了债。

这样一出一进，霍华德便在上述几家银行建立了初步信誉。此后，霍华德便在更多的银行进行这种短期借贷和提前还债的交易，而且数额越来越大。不到一年，霍华德的银行信用已十分可靠了，凭着他的一纸签条，就能一次借出 20 万美元。

信誉就这样出来了。有了可靠的信誉，还愁什么呢？不久，霍华德又借钱了。他用借来的钱买下了费城一家濒临倒闭的公司。10 年之后，他成了大老板，拥有资产 1.5 亿美元。

一个人所有的观念、计划、目的及欲望，都源于思想。思想是所有能量的主宰，适度地运用还可以治愈慢性的疾病。思想是财富的源泉，不论是物质、身体还是精神方面。人类追求世界上的财富，却浑然不觉财富的源泉早就存在自己的心中，在自己的控制之下，等待发掘和运用。

保罗·盖蒂年轻的时候买下了一块他认为相当不错的地皮，根据他的经验和判断，这块地皮下面会有相当丰富的石油。他请来一位地质学家对这块地进行考察，专家考察后却说："这块地不会产出一滴石油，还是卖掉为好。"盖蒂听信了地质专家的话，将地卖掉了。然而没过多久，那块地上却开出了高产量的油井，原来盖蒂卖掉的是一块石油高产区。

保罗·盖蒂的第二次失误是在 1931 年。由于受到大萧条的影响，经济很不景气，股市狂跌。但盖蒂认为美国的经济基础是好的，随着经济的恢复，股票价格一定会大幅上升。于是他买下了墨西哥石油公司价值数百万美元的股票。随后的几天，股市继续下跌，盖蒂认为股市已跌至极限，用不了多久便会出现反弹。然而他的同事们竭力劝说盖蒂将手里的股票抛出，这些对大萧条极度恐惧的人们的好心劝说终于使盖蒂动摇了，最终他将股票全数抛出。可是后来的事实证明，盖蒂先前的判断是正确的，这家石油公司在后来的几年中一直财源滚滚。

保罗·盖蒂最大的一次失误是在 1932 年。他认识到中东原油具有巨大的潜力，于是派代表前往伊拉克首都巴格达进行谈判，以取得在伊拉克的石油开采权。和伊拉克政府谈判的结果是他们获取了一块很有前景的地皮的开采权，价格只有 10 万美元。然而正在此时，世界市场上的原油价格出现了波动，人们对石油业的前景产生了怀疑，普遍的观点是：这个时候在中东投资是不明智的。盖蒂再一次推翻了自己的判断，令手下中止在伊拉克的谈判。1949 年盖蒂再次进军中东时，情况和先前已经大不相同，他花了 1000 万美元才取得了一块地皮的开采权。

保罗·盖蒂的三次失误，使他白白损失了一笔又一笔的财富。他总结说："一个成功的商人应该坚信自己的判断，不要迷信权威，也不要见风使舵。在大事上如果听信别人的意见，一定会失败。"

在以后的岁月中，保罗·盖蒂坚持"一意孤行"，屡战屡胜，最终成为大富翁。

在思想的竞争中，贫富机会是完全均等的。发掘能赚钱的创新意念，这是大多数人创造财富的一条通路。每个人的心里都有一个酣睡的巨人。它比阿拉丁神灯的威力更为强大，那些神灵都是虚构的，而你心中酣睡的巨人却真实而可触摸。创意思考的目的，就是要唤醒你内心酣睡的巨人。

所以，思考是一个人所能拥有的最直接的财富。

我们所谓的思考，是要真正学会培养无限的思考方式，让你的思维永远充满着非凡的创造力。它让你想象自己拥有一切可能拥有的事物。从某种意义上说，思考就是要调动那些站在你和目标之间的门卫，他们沿途拦截，每一位都有权决定你事业与人生的走向。思考首先要确定或设立一个可以达到的目标，然后从目标倒过来往回想，直至你现在所处的位置，弄清楚一路上要跨越哪些关口或障碍、是谁把守着这些关口。

挑战传统的金钱观念

生活本身比钱更重要，但是钱对于维持生计也是重要的。

人需要有感情，它使我们真实：感情这个词表达着行动的动力。真实地看待你的感情，以你喜欢的方式运用你的头脑和感情，而不是与自己作对。好好观察你的感情，别急于行动。现实生活中，大多数人不懂得，他们往往以自己的感情代替了他们的思想。其实，感情是感情，你还必须学会独立思考。当一个人说"我得去找份工作"时，就很可能是感情代替了思考。害怕没钱的感觉便产生了找工作的念头。人们往往害怕没有钱花，就立刻去找工作，然后挣到了钱，使恐惧感消除。这样做似乎很对。可一旦这样理解，他就不会去思考这样一个问题：一份工作能长期解决你的经济问题吗？答案往往是"不能"，尤其从人的一生来看更是如此。工作只是试图用暂时的办法来解决长期的问题。一定要用心去确定我们该怎样思考，而不只是对情感作出反应。不要用因为害怕没钱付账而起床工作的方法来解决你的问题。你要花时间去想这样的问题：更努力地工作是解决问题的最好方法吗？许多人都害怕对自己说出真相。他们被恐惧所支配，不敢去思考，于是就出门去找工作，因为恐惧在支配着他们。要学会让感情跟随你的思想，而不要让思想跟着你的感情。

我们总是听到这种话："富人是骗子""我要换份工作""我应该得到更高的工资""我喜欢这份工作，因为它很安定"……但，这种想法和说法是极不妥当的，你应该在内心问自己："我失去了什么东西吗？"这样的话，才会避免你感情用事而留给你仔细思考的时间。

重要的是运用这些感情为你的长期利益谋划，别让你的感情控制了思想。大多数人让他们的恐惧和贪婪之心来支配自己，这是无知的开始。因为害怕或贪婪，大多数人生活在挣工资、加薪、劳动保护之中，而不问这种感情支配思想的生活之路通向哪里。这就像一幅画：驴子在拼命拉车，因为车夫在它鼻子前面放了根胡萝卜。车夫知道该把车驶到哪里，而驴却只是在追逐一个幻觉。但第二天驴依旧会去拉车，因为又有胡萝卜放在了驴子的面前。强化恐惧和欲望是无知的表现，这就是为什么很多人常常会担惊受怕；钱就是胡萝卜、是幻象。如果驴能看到整幅图像，它可能会重新想想是否还要去追逐胡萝卜。高财商的人知道钱是虚幻的东西，就像驴子的胡萝卜一样。正是由于恐惧和贪婪，使无数的人抱着这个幻觉却以为它是真实的。

有的人进了大学，而且受到很好的教育，所以他能得到一份高薪的工作。他的确也得到了，但他还是为钱所困，原因就是他在学校里从来没学过关于钱的知识，而且最大的问题是，他相信工作就是为了钱。正是出于恐惧心，人们大多害怕失去工作，害怕付不起账单，害怕遭到天灾，害怕没有足够的钱，害怕挨饿。大多数人期望得到一份稳定的工作。为了寻求稳定，他们会去学习某种专业，或做生意，拼命为钱而工作，大多数人成了钱的奴隶，然后把怒气对准他们的老板。

钱是一种力量，但更有力量的是有关理财的技能。钱来了又去了，但如果你了解钱是如何运转的，你就有了驾驭它的力量，并开始积累财富。

善于捕捉赚钱的灵感

赚钱如同"搞对象"，你用心太重，追得太急，对方反而会跑得离你更远。因此，可以说，培养良好的赚钱意识，比赚钱本身更为重要。在赚钱意识方面，女性常常优于男性。

　　赚钱的感觉，是指在日常生活中，碰到什么有利可图的事，或者有赚钱的机会来临，便有一种高度的敏感和嗅觉。这种随时随地的赚钱感觉，是一个人获得大量财富的必要心理条件。

　　就像是恋爱的感觉，有时你没有自觉地意识到恋爱的机会已经降临，但从对一个异性的特殊感觉中，可以敏感地、迅速地作出判断："赚钱的感觉"，就是当机遇到来时，直觉中马上能判断可否赚钱的灵感。而女性的直觉往往优于男性。

　　比如，林小姐对赚钱极有感觉，能随时随地意识到某项事业是否赚钱。当典当行刚刚恢复，许多人对典当的认识还停留在老观念上时，她就开始利用典当行的业务范围筹集资金做生意。那时生意的回报率极高，林小姐大大赚了一笔。

　　当然，仅仅依靠直觉也是不够的。感觉需有先天的"悟性"，但更重要的还是后天的培养。赚钱的感觉首先来自经验。实际上，你参与的有关赚钱的活动越多、经历越丰富，你的"感觉"就会越灵敏、准确和深刻。其次赚钱的感觉来自知识。道理很简单，如果你要投资股市，那你一定要对有关股票的基本知识了然于心，否则，"盲人骑瞎马"，不赔才叫怪。假如你要投资邮票、古玩，一定要对这类东西"在行"，否则，不被人骗得当了裤子就算不错了。

　　赚钱的感觉毕竟只是感觉而已，要想把它变成一沓一沓的钞票，还得有胆量去行动。如果赚钱的机会来了，你却犹豫不决、左顾右盼、患得患失，该出手时不出手，那你就永远别想发财了。因为这类机会往往如电光石火，稍纵即逝，而现在有"感觉"的人越来越多，你稍一迟疑，别人就蜂拥而上，把你挤到一边去了。因此，一旦看准了方向，就要大胆采取行动。

跟着自己的直觉发现财富

人似乎有先天赋予的特性，他们对某些事、某个人常常不用逻辑推理，单凭直觉就能准确看透，因此，他们能以自己特有的直觉捕捉到发财的信息和致富的机遇，也最能寻找到打开财富之门的钥匙。

想要赚钱，当然需要分析经济动向、熟悉统计，另外还需要一定程度的直觉判断。也许会有人说："这种想法是错误的。生意必须依照经营理论或经营心理学才算科学，合理的经营方法对生意是绝对有必要的。"以目前的社会来说，没有计量性的经营根本就无法生存。不过，判断一种事业能不能赚钱，却是无法用计量算出来的。决定这些问题必须靠个人的直觉。当然，必须参考一些资料。

芭芭拉原是一个很能干的"打工妹"，在一家人事顾问公司当行政部经理，深得老板的赏识，年薪5万美元，属于标准的"白领阶层"。从薪金收入来说，也是很不错的了。但是，在老板的重用之下，芭芭拉的工作太辛苦、忙碌了，根本没多少时间来陪伴她正上幼儿园的小女儿。作为一个母亲，她常感内心不安。她常常想：我为什么就不能独立呢？为什么非要为老板创造利润呢？什么时候，有一家自己的公司就好了。

她的心肝宝贝生日那一天，她于百忙中抽空到百货公司选购了一只玩具熊，把它寄到幼儿园，希望给女儿一个惊喜。

芭芭拉说："出乎意料，其他家长、老师及孩子们看到从天而降的玩具熊时，大家都感到很兴奋。我灵机一动，相信这是一个自己创业的好机会。"

此时的芭芭拉，突然面临着一个选择：是继续待在原来那待遇优厚、被老板重用的职位上，过着舒适、富足的平静生活，还是辞去工作，迎接新的未知前途的挑战。尽管她碰上了机遇，并获得创意，但这毕竟不等于成功，前面还有风险。

芭芭拉没有犹豫，她勇敢地选择了后者，自己当起了老板。

既然人们对突然而至的玩具熊那么兴奋，她便采用邮购的方式将玩具熊寄到客户家中，首创了美国第一家玩具熊速递服务公司。结果在一年内，她的公司便做了500万美元的生意，自己也成为商场上人们津津乐道的女强人。

从某种意义上来说，以赚钱为目的的商业活动，也带有一定程度的冒险，考验的就是人们的判断能力。除了理智的分析和广博的学识之外，在紧要关头，直觉往往能够帮助你化险为夷，取得财富。许多取得了成功经验的大富豪，都坚信直觉的力量。石油大亨保罗·盖蒂在直觉方面就拥有超越常人的敏感，有人形容："他拥有无比强大的个人能力，有惊人的远见，更有巨大的心灵力量。"正是在这种超常直觉的指引下，他在中东地区嗅到了财富的气息。在地下一滴油也没有挖出来，其他投资人相继撤出的情况下，保罗依然坚信这个地方有石油，发现它们只是一个时间问题。他的坚定得到了回报——1953年，他在中东地区发现了大量石油。

肖琳非常喜欢读书，对于图书她向来怀有极大的热情，也正是这个原因，她一直都想在出版行业谋求一份自己喜欢的工作。

可是因为缺少这方面的工作经验，几次面试都没成功。"我们需要熟悉编辑和印制业务流程的员工，你现在还不太符合我们的条件，以后有机会我们再合作吧……"她得到的总是诸如此类的回答。

是的，她的确没有什么经验，只是出于一种爱好。她怀着极大的兴趣，倾听那些富有经验的书籍制作者介绍封面的设计和选题的创意。

一位五十多岁的出版人正在和前来订货的批发商侃侃而谈。他的脸上洋溢着激动和热情的光彩，讲述起那些书的制作过程，就像一位慈祥而伟大的母亲在谈论自己骄傲的孩子。肖琳忽然心中有一种感觉：可能自己马上会有一份自己喜欢的工作，她要继续在这里听下去。

肖琳无法挤到那些批发商的前面，只好在一旁专注地踮着脚倾听，书商们陆陆续续地走了，"你好，请问你是……?"突然，老人对肖琳说道，"我注意到了，你一直都在旁边听!""是的，您讲得太精彩了!"肖琳欣喜地说。

"看得出来你对书也很感兴趣，而且你很执着。"当老人了解到肖琳的基本情况后，他热情地说，"我需要的就是你这样的人! 到我的公司来做事吧!"就这样肖琳凭着自己的直觉和极大的兴趣，有了一份自己喜爱的工作。

人在创造财富的过程中，要相信自己的直觉。胆量的有无建立在对直觉判断力是否自信的基础上，而判断的做出并不是件容易的事情。因此，当赚钱的机会来临时，你的态度仍是犹豫不决，那么你还不具备发财的资格。这是因为你还没有培养起敏感的直觉和胆量。这时候你最需要的，是摆脱优柔寡断的状态。向着自己的梦想前进。

在灵感闪光之处挖掘财富

在竞争力极强的现代社会里，每宗生意的成败得失，往往取决于能否抓住自己的感觉。每个人都有过灵光一现的时候，但有的人把握住了，能将其转化为财富，而有的人却毫无所得。其实，赚钱也需要灵感。然而要想获得这种灵感，最好的办法就是，让你的头脑中经常想着合理合法赚钱！

但是光有灵感还不够，因为灵感只占整个解决问题过程的 10%，只有将灵感落实，才能将财富最大限度地挖掘出来。

日本东京有一家专卖小手帕的老商店，店主人叫小野村夫。这家店原来信誉很高，生意一直不错。可是随着商业的繁荣，超级市场的手帕品种多、花色新，村夫的小店竞争不过，生意日趋清淡，眼看只能关门大吉了。村夫急得如坐针毡。一天，村夫坐在小店里茫然地注视着过往行人，面对着那些穿梭似的旅游者，忽然灵感涌来，他不禁忘乎所以地叫出声来。老伴还以为他出了什么事，只听他念念有词地说："导游图、印导游图！""改行？"妻子惊讶地问。"不，不，手帕上可以印花、印鸟、印山、印水，为什么不能印导游图呢？一物二用经济实惠，一定会有很多买主的。"老伴听了，也连连称是，于是他们向厂家定制了一批印有当地交通图及有风景区导游图的手帕，并且广为宣传。这一招果然灵验，手帕销路大开，生意顿时十分兴隆。

人都有一种习惯，就是害怕自己的环境改变和思想变化，喜欢做大家经常做的事情，不喜欢做需要自己变化的事情。所以，很多时候，我们没有抓住机会，并不是因为我们没有能力，也不是因为我们不愿意抓住机会，而是因为我们恐惧改变而放弃了自己稍纵即逝的灵感。人一旦形成了思维定式，就会习惯地顺着定式思维思考问题，不愿也不会转个方向、换个角度想问题，这是很多人的一种愚顽的"难治之症"。

美国有位叫米曼的女士。她发现，她穿的长筒丝袜老是往下掉，如果是逛公园或去公司上班，丝袜掉下来是多么尴尬的事，就算偷偷地拉上去也很不雅。她想：这种困扰，其他女性也一定会遇到。于是她灵机一动，开了一间袜子店，专门出售不易滑落的袜子用品。袜子店不大，每位顾客平均可在1分半钟内完成现金交易。目前米曼经营的袜子连锁店在美、英、法三国多达120家，这个小小的灵感为米曼带来了巨大的财富。

遇到袜子往下掉的女士何止千千万万，但能够触发灵感要开一间袜子店，解决这一尴尬的人却寥寥无几。由此可见，灵感来源于生活，要发挥细心的优点，要像米曼一样在生活中做个有心人，将会受益无穷。

中国有句古话说"先下手为强"，在追求财富上更是如此，走在最前沿的人常常成为最容易获得成功的探索者。美国的福特、洛克菲勒、比尔·盖茨……这些世界级的富豪都是早动手的典范，他们相信自己的判断，对自己充满了极大的信心，他们没有犹豫、没有迟疑，因而获得了巨大的成功。所以，如果你想成为百万富翁，就要做最早的起航者。一个人在社会中是非常渺小的，在灵感出现的时候要努力去把握，为人生去赚取更多的财富，从而实现自己的人生价值。

小燕大学毕业后，就在一家私营企业做文秘工作。每到周六、周日，她发现所住的小区的许多年龄小一点的孩子，尤其是双薪家庭的孩子没人照看。稍大一点的孩子也会在小区里乱跑，因为有不少双薪的夫妇由于工作的需要，不得不放弃周六、周日的休息，没有太多的时间去照顾孩子。小燕突然萌发了要开一个托儿所的愿望。于是她走访了小区里的一些家庭，她的想法得到了不少家长的认可，可是小燕却舍不得放弃她的工作，于是就把自己的设想暂时放在了一边。

不久，小区真的开了一家托儿所，而且，渐渐的，托儿所的孩子也越来越多。这时的小燕非常后悔，白白失去了这么好的一个赚钱机会。

拖拖拉拉、犹豫不决是很多人难成大事的症结之一。他们总是瞻前顾后，前怕狼、后怕虎，结果当他们还在权衡利弊得失的时候，别人已占据了先机。这是一种可怕的习惯，它让许多成功的灵感与你擦肩而过，对人生的成功与否有着重要的影响。

当然，光有灵感还不够，还要有一定的判断，要不失时机地将灵感化作行动。一般而言，一个果断的人，比优柔寡断的人更容易获取财富。大脑是灵感产生的源泉，只有你充分利用它，灵感才会不断地涌现，你的生活将会因此而大不相同。

小创意创造大财富

人人身上都有创意，创意不是科学，它的起源常常是有心人的灵机一动，不需要经过严谨的学术训练和复杂的理论论证。对于创意，任何一个女人都可以与之亲密接触，只要勤于观察、善于思考、大胆创新，就有可能出奇制胜，获得可观的效益。

在商业化的社会，每个人都希望能够发财致富，让事情按照自己的意愿实现，但是如果按照大多数人都能够想到的方法或者思路去做，则很难取得成功。与众不同的创意，能够让我们抢占先机，使我们走在时代的前沿，取得事半功倍的收益。

创意不需要你凭空设计一种全新的东西，它可以只是在原来基础上的一点点改进，别轻视这一点点，只要运用巧妙，完全可以点石成金。如若打算改变原有产品的结构和功能，可以增添附加值，或把两种产品巧妙地结合起来，便能使产品由一用变多用。产品的功能越多，越容易引起购买行为。

我们周围的一切，都有可能成为我们创新思维的对象，只要善于开动脑筋，无论从事何种工作都可以通过创新获得成功。

在 20 世纪 40 年代，市场供应的白方糖是使用具有防湿性的纸张包装的，但不管密封纸多厚，有多少层，时间一久，里面的方糖还是会潮湿，经营者为此一筹莫展。一位名叫科鲁索的制糖工人，觉得这个问题不解决，就会影响方糖的销售。他反复进行包装试验，最后在包装纸上开个小口，让方糖有点透气。结果，这种包装法使方糖不会变潮了。

科鲁索的小"创新"使制糖老板财源广进。而他本人亦因此"专利"获得老板的 100 万美元报酬。一位穷工人一夜间成为大富翁了。

创意本身无法标价，它实施后所创造的价值却是切切实实的。我们在实力不足时，如果能用好创意，常常会达到事半功倍的效果。在困境中的人，如果有心要撬动财富的世界，改变自己的人生历程，创意是你手中最有力的一根杠杆。

商家要想在激烈的竞争中站稳脚跟，让自己的商品永葆魅力，就要有自己独特的经营方式，设计一点小特色，做一点别人没有的小服务……都会取得令人瞩目的财富。

位于东京下北泽的音乐屋 MEMORY 是一家充满年轻人笑声的酒吧。店内占地 15 平方米，35 个座位经常坐满了年轻顾客，每月平均营业额可达 200 万日元。开业后的第二年，就在涉谷开设了一家分店。虽然酒吧名称为音乐屋，却只有钢琴与吉他两种乐器。在这附近地区，能够以如此毫不稀奇的乐器创出如此惊人的营业成绩的，恐怕也只此一家。

这家音乐屋的女老板增田周子，毕业于玉川大学，钢琴弹得很棒，歌又唱得好，性格也极为爽朗、随和。

客人刚到店里坐定时，除了问明所需饮料之外，并取出歌本问他想不想演唱？如果顾客选不出所预备演唱的歌曲，可以自由上台表演。

在这个开明的时代里，几乎每个人都可以在大众面前毫无拘束地歌唱，不管是民谣，或是乡村歌曲，大约有70%的人都可以唱得出口。客人们大都觉得不唱颇有错过良机的感觉。因此，只要是在此演唱过一次的客人，大多会再度光临这家音乐屋。

酒吧中央有一架钢琴，吉他也可以在此演奏，采用集中式灯光照射，使全场的注意力完全转移到此处。

这位女老板对于餐饮可以说完全是外行，或许由于她缺少那种职业性的俗气，所以反而更具有不凡的吸引力。心血来潮时，她也会上台高歌一曲，在营业时间内，总是以轻松的心情和顾客谈天，而且时常转换位置，很少有静下来的时刻。增田小姐以她别具一格的创意得到了丰厚的回报。

有人说："一个人拥有一座头脑里的金矿，远远胜过拥有一座真正的金矿。"的确，真正的金矿总会有挖空的那一天，而头脑里的金矿，永远也挖不尽、挖不空。

创意也可以不仅仅是一个具体的产品，而只是一种脑筋急转弯似的思路。一个人如果用好自己的创意，常常会达到事半功倍的效果。即使你还不具备落实的条件，也可以把它当成自己的一项重要资本出售给需要它的人。

第二章 财商靠学习，积累知识就是积累财富

积累知识就是积累财富

能改变一种心态，对自我提出一种更高的要求，将那种不满足于现状的心态转化为一种积极探索求知的欲望，去虚心地学习，增强自身的各项能力，是获取比现在薪水更高工作的唯一一条平坦之道。

杰克·汉克斯是我的邻居，是一家中央空调公司的业务员。我们都知道像这种类型的工作其薪水是与自己的业绩挂钩的。如果能够多推销出去几台空调，他所取得的经济效益也随之增长。但是，在今天这个竞争高度激烈的社会，真的想要干出一定的业绩出来也十分的困难。业务难做，回报就当然少了。杰克·汉克斯几乎是靠着微薄的一点底薪勉强地生活。就像所有的年轻人一样，都认为自己有着很强的工作能力，应该有更好的发展。于是，他对于自己的这份工作便显得不怎么尽心尽力了。反而滋生了一些消极混世的情绪，再也不会真的去联系业务。每天只是

早上去公司报一下到，然后便借口说要和客户见面，就离开公司，要么是回家看电视打发无聊的时间，要么就是去别的公司应聘。可惜的是，虽然他想寻找到更好且饷优粮厚的工作，但是没有一家公司愿意聘用他。

"你今天用不着上班吗？"有一天，我在社区的门口遇到了他，就像是以往一样和他打了一个招呼，并问道。

杰克·汉克斯无精打采地说道："没劲，一个月才那么一点点的钱，谁愿意帮他干啊！"

"是吗？你们公司真的很差？不过我好像记得你原来对我说过不是很好的吗？"他的话不禁引起了我的好奇。

"是啊！在开始的时候，我也觉得不错，但是，我没有想到实际上和看起来的不一样。"杰克·汉克斯一脸苦相地对我说道。

"为什么呢？"

"为什么？没有为什么。你想想，我们公司所推销的是中央空调，像这样的产品又不是普通人的购买力所能承受的。他还要我们每个月变相加几个班到处去王婆卖瓜……唉！懒得说了，我不想干了！"杰克·汉克斯说道。

"那么，你准备去干什么？"

"重新找一份工作呗！难道我会一直这样耗下去！"

"你准备找什么样的工作？"

"这个我还没有考虑好，不过我想我不会再找像这样的工作就行了。"

听着杰克·汉克斯的话，我微微地一笑，说道："那么现在呢？你还没有从这家公司辞职，你准备怎么办？"

"怎么办？混呗！"杰克·汉克斯说。

在那次偶然相遇的两个星期之后，我再一次地遇到了杰克·汉克斯。当我问及他的近况的时候，他告诉我仍然还在那家公司，并没有多大的变化。对于他的这种状况，出于希望他能够正确地面对生活，我和他进行了一次推心置腹的交谈。

"你现在在干什么？"我问他。

"寻找更好的工作啊！"杰克·汉克斯回答道。

"你认为自己真的是在寻找更好的工作吗？"我反问他。

对于我的问话。杰克·汉克斯有些不解了，睁大着一双狐疑的眼睛看着我。

"你认为你这样便能找到更好的工作吗？"我望着他，在心里叹了一口气，接着说道，"其实，你这是在做一种消极的对抗。我也不知道你所说的情况是不是真的，但是作为一个朋友，我所要对你说的是，你应该尽早地抛弃现在心中所存的念头，用一种积极的心态去面对所遇到的事情。即使你真的认为那家公司糟糕透顶，不利于你个人的发展，在你还没有找到更好的、更加适合于你的职业的时候，你为什么不把它当作是一种锻炼自己和学习的机会呢？我想这样对你没有什么坏处的，通过这些能够提高你的能力啊！再者说，如果你不愿意出去跑业务，你又何必要采取这种方式白白地浪费自己的时间呢？难道你不能够利用这些时间去学习一些有利于自己将来发展的知识吗？"

杰克·汉克斯听了我所说的话，默默地点了点头。也就是在我还想和他说一些别的事情的时候，因为我还要赶时间到咨询所去，便匆匆地告别了。

上面是我和杰克·汉克斯的第二次见面所发生的事情。然而，当我在两个月之后，再次见到他的时候，我便被他那种热情和活力所吸引了。他已经变成了另外一个人。

"看来，你现在不错！"我笑着说道。

杰克·汉克斯不好意思地笑了笑，说道："这一切都要谢谢您上次对我所说的那一番话。"

"看来，你已经找到了一份适合自己发展的工作。"我问道。

"没有，我还在原来那家公司。"杰克·汉克斯回答道。

他的回答让我感到了有些吃惊。我真的难以想象，他在原来的公司里面会有这样翻天覆地的变化。或许是杰克·汉克斯看出了我心中的疑问。他微微一笑，说："不要说是你吃惊我现在的这种变化，就连我自己也感到有些吃惊。当我按照你所说的去做之后，在工作的实践之中，让我一次次地体会到了自己原来还有所欠缺，我便通过网络和书籍上的知识来充实自己。突然之间，我觉得其实我选择的行业并不像我想象的那么糟，只不过是我自己某些知识上的不足而已。现在，我已经谈成了好几份单子，并且提升为区域销售主管。"

杰克·汉克斯的成功告诉了我们什么呢？难道不能够引起我们一点点的思考。难道在现实的生活之中，像是抱有杰克·汉克斯开始时念头的人还少吗？他们不满足于微薄的薪金，总是向往更高的薪水。可是，又不知道该怎样去获取更高的薪水，而是持有一种怨天尤人的心态。你想想他们能够取得比现在不满意的薪水更高的薪水吗？我们何不改变一种心态，对自我提出一种更高的要求，将那种不满足于现状的心态转化为一种积极探索求知的欲望，以增强自身的各项能力。为获取高薪而奠定基础吧！不断地学习，积累知识，也是在积累财富啊！

财识致富好出路

丰富的知识，灵活的思考，敏捷的思维，敏锐的直觉——这些都是通向成功之路的法宝，每一个追求"财务自由"的人，都应当集中精力磨炼头脑和感觉。人要想拥有财富，就必须树立正确的金钱观，培养你的财识。

在很多人心中，对科学知识充满敬畏，对文艺才能无比向往，却唯独没有认识到财识的重要性。其实，能否拥有财富、掌控财富，将决定人的一生是幸福安宁还是奔波劳苦，而且物质的充裕是精神自由的坚定基础，财识将为你的一切理想和兴趣提供必需的养分。

钱多钱少并不重要，关键是要具备挣钱的长远目光。

要培养这种意识，眼前的利益必须放在长远的规划中来看待。穷人的穷不是因为他们没有钱，而是他们根本就缺乏一个赚钱的意识；有钱人的富有不是因为他们现在手里拥有大量的财富，而是他们有赚取财富的意识。因此，要想拥有财富，就必须树立正确的金钱观，培养你的财识。

在改革开放之初，赵依春从南方某大学国画系毕业分配到北京某杂志社任美术编辑。作为南方小城的人，摇身一变成了首都的一名公民，这使她很有满足感。但是赵依春是个不安分的人，工作 3 年后，觉得一眼望穿的人生不过瘾，于是 1988 年，随着出国潮，她下决心倾囊而出完成"理想"，放弃了那份令不少人羡慕的职业，多方筹措一大笔学费留学到了美国。

这一次她的行程并不顺利，于是她挣钱还清学费后，回国休养生息。但是那个出去创业的梦想并未停止。

1992 年底，赵依春从媒体了解到，战乱后的柬埔寨在国际社会的关注与支持中，将医治战争创伤，重建家园，那里的机会很多，同时那里创业的起点较低，所以她决定去柬埔寨找机会。

在柬埔寨，赵依春送过报纸，做过室内设计，站稳脚跟之后，她发现随着柬埔寨形势的稳定和开放，中文和英文一样重要。许多商家、内地的国有企业及私人老板在聘请员工时，都优先录取兼懂柬文、英文与中文的应征者。由于这些外资公司的薪水比当地厂家高出三五倍，所以，求职者趋之若鹜，中文的经济价值骤然提升。在这种大环境中，赵依春的"依春中文学校"应运而生。

1999年底，从赵依春的中文学校培训出去的学员已达2500人，他们初步掌握了华语，中文成为他们谋生的工具。从这里，赵依春也掘得她的第一桶金。她的目标是让更多的柬埔寨人懂得中文，把它当成一个产业来经营。

理财知识在未来的"知识经济"社会里是非常重要的，每一个想摆脱经济困境、成就自己财富梦想的人都应该完善自己理财的知识结构。当然，我们不会因为拥有这些知识就可以坐等财富的到来，但是这些知识却是你事业的基础之一，要在不断进行投资理财的过程中去明白怎样运用这些知识来给自己创造财富。

如果我们在这个过程中积累起丰富的经验，那么我们将会花越来越少的时间和金钱去做越来越大的投资，从而创造更多的财富。

人无远虑，必有近忧。人的一生就像一局棋，不能走一步看一步，应该走一步看五六步。我们必须靠自己的办法过日子，去保障自己的未来，因此，要尽早树立起赚钱意识。如果你懂得理财、懂得独立，人生就是你的。

不断地学习，增强自身竞争力

社会在不断地进步，知识结构在不断地更新。生活在现实生活之中的人，也要以一种动态的思维去对待学习。

"我是穿过人世的一颗尘埃"。一直以来，我便很欣赏这样的一句话。很可惜的是，我不能记住这到底是出自哪一位哲人之口，我只能隐隐约约地记得好像是苏联一位诗人诗篇之中的一句话。

是的，我十分赞赏这一句话，并且将它当作我人生的座右铭。因为，它让我感到了自己的渺小，让我觉察到了我自以为是君临一切的心态是一种妄自菲薄。让我知道了要想获取更大的成功，要想使得自己能够成为万人瞩目的卓越人士。我还需要多加努力。我之所以直到现在仍然还在孜孜不倦地努力学习，便是这句话在不停地警告我、提醒我。因为，它让我察觉到自己的不足！

"我是穿过人世的一颗尘埃"。在这儿，我不去评价这句话之中的含义。我所要说的是在现今，特别是在现今瞬息万变的社会，我们要时时保持这样的心态，以警醒我们的不足，去激励自我更加努力地学习，以提高自身的竞争力，不被变化的社会所淘汰，而获取更好的发展机遇。如果你不怀有这种不断学习的精神，而祈求使用自己原来的知识而在这个世界打拼，慢慢地你便会感觉到力不从心，到了最后会在无形之中被变化和进步的社会所淘汰。其中的道理很是简单，用一个简单的比喻你便能够明白：如果，将人的知识和技能比作在大地上的一个水洼之中的水，你的事业便是要在这片水域之中养上一群鱼儿。在开始的时候，或许能够使得水中的鱼儿自由快乐地生长，但是，因为你不接受外部水的注入，而自认为这片水足以能够使得鱼儿生长。随着时间慢慢地流逝，因为水的不流动，而使得这片水变成了一潭死水，变得没有了养分，自然而然，这些生长的鱼儿便没有了以供生长的养料，结果便可想而知。再者随着时间的推移，太阳的暴晒，也会使得水慢慢地蒸发，最终会让这潭水蒸发得一干二净……我想话说到这儿，也用不着我多说什么了。

　　社会在不断地进步，知识结构在不断地更新。生活在现实生活之中的人，也要以一种动态的思维去对待学习。也只有这样才能够给自己的事业水塘之中注入新的水流，使得整个水域的水经常地流动，而增加其养分使水中的鱼儿能够获得赖以生存的养分。也只有这样才能在有所消耗的时候，得到及时的补充，使得自己能够应对所发生的一切。

　　面对地球仪，仰望星空，遥想银河星系的浩瀚无垠。你认为自己是什么？是人世间的一颗尘埃，还是……倘若，你想使自己能够在不断变幻和竞争激烈的社会之中得以生存，你还是把自己看成一颗尘埃吧！在这儿，我并不是要让你把自己看得渺小，而是要清晰地认识到自己的渺小，而去采取有效的方法使得自己不"渺小"。你应该自始至终保持一种认识，在这个广袤的世界之中，在这个无限大的宏观与微观的世界之中，在浩瀚的知识海洋中，我们知道的甚少，我们所知晓的比一颗尘埃还要少。这就是我所理解的关于"我是穿过人世的一颗尘埃"的意义所在。始终地保持这种"我是穿过人世的一颗尘埃"的谦虚心理，积极地学习新的知识，以补充自己的能力，不仅是增强自身竞争能力的法宝，同样也是你取得辉煌人生的制胜秘诀。

生存是发展的前提，只有在生存的基础上才能够获取长足的进步和发展，才能够使得自己慢慢地走向成功，实现自我的人生价值。在这个残酷竞争的社会，一切都是凭借能力说话。为了能够使自己在这个社会脱颖而出，我们为什么不抱有谦虚的学习精神，加强自身的能力修炼，让自己在竞争之中立于不败之地呢？

发掘和利用自己的优势资产

每个人对自己的人生道路，对自己的优势都应该进行一番设计。真正认清了方向，加以精心培养，就可以少走弯路，事半功倍。只要人能够善于发掘和利用自己的优势资产，就会成为一个富人。

很多人想开店创业，但又不知道自己最适合开什么店，开什么店更赚钱。其实，无论有没有创业想法，人人都对这个问题感兴趣，那就是：做什么最赚钱？专家指出，最赚钱的不一定适合你，做适合你的才是最赚钱的，也就是经营自己的长处，开发自己的现有资产。

世界上不会有一无是处的人。更不该抱怨自己的不完美，而是应去挖掘自己潜在的长处。每个人都有一种与众不同的天赋，就看你怎么把握。成功是什么？成功并非学习别人的优点，而是发掘、使用自己的长处。找到自己的优点，就找到了赚钱之路！

有的人，为了发财，四处奔波。看了无数富人的故事，可自己就是一贫如洗。虽然他们可以讲上几百个发财的故事，自己却找不出一条求财之道。究其原因，大概在于他们太在乎别人了，陷入别人发财的模式中去，却对自己一无所知。其实，自己就是一笔财富，只要善于挖掘，尤其是你的大脑，在里面藏着好多潜质。凡事不能靠别人，只有靠自己，合理地认识自己，发挥自己的特长，肯定能踏出一条康庄大道。

嘉芙莲女士原是美国俄亥俄州的一名电话接线员，天赋加上长期的职业锻炼，她的口齿伶俐、声音柔和动听以及态度热诚在当地很有"口碑"，受到用户的普遍赞赏。嘉芙莲是个胸怀创业大志的人，她不想一辈子就当一个普普通通的电话接线员，她要当老板，要开创自己的事业。她知道商场如战场，任何不着边际的空想都只能是画饼充饥，一定要从自己的实际情况出发，寻找自己所长与社会所需的结合点，从这里起步干出一番事业。从这种观念出发，她回头审视自己的生活，主意就来了：利用自己的天赋条件成立一家电话道歉公司，专门代人道歉。

"尺有所短，寸有所长"。如果你能经营自己的长处，就会给你的资本增值；反之，如果你经营自己的短处，就会使你的财富贬值。只要你善于发掘自己的潜力，发挥自己的优势，就能找到发展自己的道路，创造美好的财富蓝图。

能否赚钱，并不在于你投资多少，有多少好的产品，而在于你敢不敢去把握社会发展的先机，开发你的天赋与潜能。我们要以智招财，而不是以"苦"换财。无论现在还是将来，你的态度都将决定你人生的经济状况。要知道，人的潜能越挖越多，而那些成功者只是比普通人多挖了一点潜能而已。

创造财富是人人都想做的事情，同时也是一门学问，有钱人认为制订一个财富计划表对创造财富相当重要。创富者只有从实际出发，踏踏实实，充分发挥自己的知识，善于利用自我的智慧，这样，才有可能成为一个聪明的创富者。

一个想有所成就的人一定要在心中弄清楚：自己适合做什么，哪个领域哪个岗位才是自己终生事业所在。弄明白这个问题之后，我们就应该选准一行坚定不移地做下去。也许在开始的时候或某些阶段，经济上的收益并不令人满意，但只要你的选择适合自己，就应该不为眼前利益所动，咬牙坚持下去。

把金钱投资在时间上

　　我们把大把大把的时间都花在了挣钱上，并把大把大把的金钱储蓄起来，或者把那些钱做了各种各样的投资，于是，钱变得越来越多，我们成了金钱的拥有者。

　　金钱能够储蓄，金钱可以变成更多的金钱；而时间不能储蓄，时间不能变多。有时候，我们还可以从别人那里借来金钱，而时间不能借。一个人一辈子时间的长短也无常，没人知道自己的时间银行里还剩下多少时间。从这个角度说，时间更重要，更值得我们去投资。

　　每个人都拥有一笔宝贵的资产——它是与生俱来的，而且人人平等地拥有——那就是时间。最初，我们投入时间去挣钱，但很快地，你会发现在时间和金钱这两项资产中，时间是最宝贵的。当你认识到时间的宝贵和时间也可以以价格衡量的那一刻开始，你将变得更富有。许多人努力工作，生活节俭，通过节俭储蓄了一笔金钱，但他们却浪费了很多时间，把时间白白支付出去了。比如在百货商店里，你看中了一件非常中意的裙子，可是为了节省几元钱，你花了两个小时的时间，从这个商店奔波到另一个商店，对比之后，你又回到了那个商店，也许你真的节省了一点点钱，却浪费了很多的时间，而时间是可以增值的。生活中，这样的例子一点也不少见。"我买东西，一定要货比三家，一定要买同类商品中价格最低的。"你沾沾自喜地说，但毫无留意，时间就这么从身边溜走了。

你能够通过节俭变富，你也可以通过吝啬变富，但这要花很长的时间。比如，花3个小时和1000多元坐飞机或24小时和400多元乘火车都可以从北京到广州，但是，如果你是个企业经理，你对这21个小时和几百元钱的差别，会怎样看呢？穷人用金钱衡量价值，而富人用时间衡量价值。这就是为什么有的人总是走在时间的前面，总是比别人有更高的效率的原因。

生活中有许多很有钱的穷人。他们之所以有很多钱，是因为他们把钱看得太重，而且紧紧抓住不放，就像金钱有什么神奇的价值一样。所以，他们虽然有很多钱，但还是像没钱时一样穷。

聪明的犹太人仅仅把钱看作一种交易的媒介。在现实生活中，钱本身没有多大的价值。所以，精明的犹太人一有钱，就想用它去换点有价值的东西。或者干脆把金钱投入到时间中，让金钱在时间这个银行里飞速地增值。

在我们这个发展中的国家中，很多人整日要为生活而苦苦奋斗，挣到一点钱就紧紧地握在手中，为钱努力地工作着，勤俭地过着日子，他们不惜花费大量的时间到处寻找、购买打折商品，尽可能地省钱。很多这样的人想通过节俭变得富有。但是钱是挣来的，不是节省来的。

当然，节约和勤俭应该提倡，但变富计划的关键是价值。而且，很多人都认为价值是用金钱来计算的。实际上，价值是要用时间来计算的，因为时间比金钱更重要。

如果想获得财富，就必须投资于比金钱更有价值的东西，那就是时间。大多数人想变得富有，但他们不愿意首先投资时间。他们宁愿去经营一些当前的热点投资项目或热衷于迅速致富的计划。或者，他们想匆忙地开始一项业务，而又没有任何的基本业务知识。比如，盲目地投资于股票，或者各种各样的基金，而实际上，他们对这方面的知识知之甚少。于是，股市一旦出现动荡，他们首先遭受损失。也有一些小企业也许会风光几年，但转瞬即逝。为什么呢？他们匆匆忙忙地去挣钱，最后反而失去了金钱和时间。他们只想靠自己去干一番事业，而从未想过先投资学一些东西，或者按照一个简单的长期计划进行。如果一个人能简单地遵循一个长期计划的话，几乎每个人都有机会成为百万富翁，但还是有很多人不愿去投资时间，他们只想一夜暴富。

于是，有人会说，"投资是有风险的"或"要先有钱才能赚到钱"或"我没时间去学投资，我太忙了，我要工作还要付账单。"

而大多数人是工作太忙了，根本没有时间去思考他们究竟在忙些什么。他们经常说："我对学习投资不感兴趣，这个题目也不吸引我。"他们这样说着，同时他们也失去了实现富有的机会。他们成为金钱的奴隶，整日为金钱所累，钱控制着他们的生活，他们勤俭节约，过着量入为出的生活。他们宁愿这样做，也不愿去投资一点时间，制订一个计划，让钱为他们工作。

如果你想进入富有的投资阶层，你就应该打算投资更多的时间。因为时间的价值就像金钱的价值一样，完全体现在如何使用上。怎样投资时间呢？以下的建议你不妨考虑：

拼体力不如靠知识

这是一个知识资本的时代，知识成就未来。知识是可以撬动财富的杠杆，用知识作为动力支点获取财富成为很多人的成功秘诀。

在现代社会，靠知识赚钱已经是各界人士的共识。也许有的人可以靠投机得利、靠运气赚钱，但只能得一时之利，向财富迈进是一场长远的马拉松比赛，实力不够的人，很快就要被淘汰。我们最终还是要靠素质取胜，即使是"在商言商"的商人们，追求的也还是以智慧创造价值。

知识重要，将知识转化成财富的能力更重要，这种能力是一种获得财富的习惯、是一种利用资源的本领、是一份发现的灵感，是需要长久打造的一种气质。

实际上，对于致富起关键作用的专门知识，相当一部分是要在"社会大学"里才能学到的。没有读过大学的人，并不等同于没有知识。况且，在中国这样一个大国，市场巨大，对于那些在意识和经验上有准备的人，机会也一样存在。在知识经济时代，只要女人们认真地掌握知识，有效地利用知识，就能走上致富之路。

杨振华小时候是个"病秧子"，苦药遍尝，因而从小就立下志向要开发出一种好吃的药。

经过数年的摸索，1985 年 1 月，身为福建农学院遗传学教师的杨振华，在实验室里采用生物工程方法对普通的黄豆进行了独特的深加工，开发出含有 20 种人体必需的生命氨基酸的营养液，这一实践耗费了她数年的心血和努力，终于得到喜人的成果。她不愿忘记这一时刻，便将营养液取名为"851"。

刚开发出来的"851"营养虽好，味道却极其难闻，杨振华不甘心，却又无可奈何。她暗地里悄悄地把"851"夹在糖里、饼子里送给同事们吃，看他们的反应，结果人人都感到"精神倍增，状态甚好"。

1987 年，杨振华毅然辞职下海，自己开发"851"营养液。可是一个文弱女书生，何曾上过市场、搞过经营，勇气可敬，经验却近乎等于零，因而久久打不开市场销路。杨振华每天夜里不知偷偷流过多少辛酸的眼泪，可她也知道，生意场是强人的世界，市场不相信眼泪，除了做个强而又强的女强人，她别无出路。

1989 年，"851"卖到了东南亚，泰国正大集团财务总监偶然吃到了，久治不愈的肝病竟然因之神奇地痊愈了，他喜出望外，迅速找到杨振华，要求与她联合开发、经营。

1990年10月，正大振华"851"生物工程有限公司宣告成立了，气派的公司大楼在福州温泉之路上拔地而起。

1992年，"851"已经跨洋过海出口到欧洲、南美洲、南部非洲以及东南亚的十多个国家和地区，当年创汇600万美元。杨振华的名字广为人知，成为中国内地少有的亿万女富豪。

只有掌握了知识，特别是掌握了大量业务知识，在经商中才不会走弯路，才会先于别人到达目的地，也才能更快、更多地赚钱。

世界上最富有的犹太人认为没有知识的商人不算真正的商人。他们中绝大部分学识渊博、头脑灵敏。在他们眼里，知识和金钱是成正比的，知识是创造财富的理论根据。

一次，美国福特汽车公司的一台大型电机发生故障，公司的技术人员都束手无策。于是公司请来德国电机专家斯坦门茨，他经过检查分析，用粉笔在电机上画了一条线，并说："在画线处把线圈减去16圈。"公司照此维修，电机果然恢复了正常。在谈到报酬时，斯坦门茨索价一万美元。一条线竟然价值一万美元！很多人表示不解。斯坦门茨则不以为然："画一条线只值一美元，然而，知道在哪里画线值9999美元。"

　　真正有才能、能发财的人，是那些有专门知识的人，他们能把自己的智慧发挥得淋漓尽致，在追求中将普通知识升华为专门知识，从而达到成功的目标，实现自我价值。所以说，谁具有过硬的专门知识，谁就可能成为财富的拥有者。

　　一边是大量的工人下岗找不到工作，一边却是高级人才的薪资越来越高。显然，知识与才能已开始把握我们的命运，决定我们的财富。现代社会的人际竞争，很大程度上已归结为知识的竞争。有知识者有财富，将成为普遍的规律。

拥有财商就拥有财富

　　如果说智商是衡量一个人思考问题的能力，情商是衡量一个人控制情感的能力，那么财商就是衡量一个人控制金钱的能力。财商并不在于你有钱，而在于你有控制钱，并使它们为你带来更多的钱的能力，以及你能使这些钱维持得长久。这就是财商的定义。财商高的人，他们自己并不需要付出多大的努力，钱会为他们努力工作，所以他们可以花很多的时间去干自己喜欢干的事情。

　　简单地说，财商就是人作为经济人，在现在这个经济社会里的生存能力，是判断一个人怎样能挣钱的敏锐性，是会计、投资、市场营销和法律等各方面能力的综合。美国理财专家罗伯特·T. 清崎认为："财商不是你赚了多少钱，而是你有多少钱，钱为你工作的努力程度，以及你的钱能维持几代。"他认为，要想在财务上变得更安全，人们除了具备当雇员和自由职业者的能力之外，还应该同时学会做企业主和投资者。如果一个人能够充当几种不同的角色，他就会感到很安全，即使他的钱很少。他所要做的就是等待机会来运用他的知识，然后赚到钱。

财商与你挣多少钱没有关系，财商是测算你能留住多少钱，以及让这些钱为你工作多久的指标。随着年龄的增大，如果你的钱能够不断地给你买回更多的自由、幸福、健康和人生选择的话，那么就意味着你的财商在增加。财商的高低与智力水平并没有必然的联系。

财商的高低在一定程度上决定了一个人是贫穷还是富有。一个拥有高财商的人，即使他现在是贫穷的，那也只是暂时的，他必将成为富人；相反，一个低财商的人，即使他现在很有钱，他的钱终究会花完，他终将成为穷人。

富翁们是靠什么创富的呢？靠的是"财商"。

越战期间，好莱坞举行过一次募捐晚会，由于当时反战情绪强烈，募捐晚会以一美元的收获收场，创下好莱坞的一个吉尼斯纪录。不过，晚会上，一个叫卡塞尔的小伙子一举成名，他是苏富比拍卖行的拍卖师，那一美元就是他用智慧募集到的。

当时，卡塞尔让大家在晚会上选一位最漂亮的姑娘，然后由他来拍卖这位姑娘的一个亲吻，由此，他募到了难得的一美元。当好莱坞把这一美元寄往越南前线时，美国各大报纸都进行了报道。

由此，德国的某一猎头公司发现了这位天才。他们认为，卡塞尔是棵摇钱树，谁能运用他的头脑，必将财源滚滚。于是，猎头公司建议日渐衰微的奥格斯堡啤酒厂重金聘卡塞尔为顾问。1972年，卡塞尔移居德国，受聘于奥格斯堡啤酒厂。他果然不负众望，开发了美容啤酒和浴用啤酒，从而使奥格斯堡啤酒厂一夜之间成为全世界销量最大的啤酒厂。1990年，卡塞尔以德国政府顾问的身份主持拆除柏林墙，这一次，他使柏林墙的每一块砖以收藏品的形式进入了世界上200多万个家庭和公司，创造了城墙砖售价的世界之最。

1998年，卡塞尔返回美国。下飞机时，拉斯维加斯正上演一出拳击喜剧，泰森咬掉了霍利菲尔德的半块耳朵。出人意料的是，第二天，欧洲和美国的许多超市出现了"霍氏耳朵"巧克力，其生产厂家正是卡塞尔所属的特尔尼公司。卡塞尔虽因霍利菲尔德的起诉输掉了盈利额的80%，然而，他天才的商业洞察力给他赢来年薪1000万美元的身价。

新世纪到来的那一天，卡塞尔应休斯敦大学校长曼海姆的邀请，回母校做创业演讲。演讲会上，一位学生向他提问："卡塞尔先生，您能在我单腿站立的时间里，把您创业的精髓告诉我吗？"那位学生正准备抬起一只脚，卡塞尔就答复完毕："生意场上，无论买卖大小，出卖的都是智慧。"

其实，卡塞尔所说的智慧就是财商。

总之，财商可以带来财富，可以帮你实现自己的理想，也就是说，你就是金钱的主人，可以按照自己的意志去支配金钱，这时，幸福感就会传遍你全身，这就是财商的魅力。拥有财商，也就拥有了幸福的人生。

第三章　做个有心人，财商高的人才能把控商机

商机就在你的身边

如今，信息经济时代已经到来，人们的生活变得丰富多彩。随着高科技的不断更新换代，人们对生活质量的要求也不断提高。只要你留意身边的点点滴滴，就会发现好多发财的机会。

人大都不缺乏细心和耐心，只要开动脑筋，认真观察生活的点点滴滴，越是小的东西越蕴藏着巨大的商机，一步一步走下去，赚钱也就是情理之中的事了。

商机存在于市场之中，但它不会主动进入人们的视野，也不会主动变为财富，而是需要人们用慧眼去发现和捕捉。目前，在市场中缺少的不是商机，而是对商机的正确认识和把握，缺少一种捕捉商机的慧眼。

日本东京有家面积仅有 43 平方米的小得不能再小的不动产公司。有一次，老板渡边，在山间的路上发现一块几百万平方米的山间土地。这是一块无人感兴趣的土地，因

为那块地人迹罕至，无任何公共设施，不动产价值被认为等于零。然而，渡边却认为，城市现在已是人挤人了，回归大自然将是不可遏制的潮流。因此，他毫不犹豫地拿出全部财产，又借债将地买了下来，并将其细分为农园用地和别墅用地；而后再做广告，其广告醒目、动人，充分抓住当地青山绿水特色，应和了都市人向往大自然的心理。结果不到一年，土地就卖出了五分之四，净赚了 50 亿日元。渡边的成功正是因为他抓住了别人不屑做的"边角"生意。这也正如他所说的："别人认为千万做不得的生意或是不屑做的生意往往隐藏着极大的机会。因为没有人跟你竞争，所以做起来就稳如泰山，钞票就会滚滚而来，重要的是要捕捉住机会。"

生活中处处有商机，就看你能不能发现，而发现商机则是一门学问，一门技巧。一个毫无头脑的人是不可能成为一名出色的商人的。聪明的头脑不是一朝一夕练就的，需要天赋，也需要积累，更需要不断地思考。穷则思变，变则通，通则久。

因为好多东西需要去完善、去改进，好多东西需要生产出来填补空白。生活是一个大舞台，它可以给你机会，给你空间，就看你是否留心，是否愿意去展现你的才华。所以，一定要留意那些看似没有潜力的机会，因为这可能就是一个很好的商机，在留意到机会后，就一定要抓住，而且有一次就足够了。

郎力士原是美国佛罗里达州的一个中学化学教师，家境贫寒，为了维持生计，他不得不在暑假去海滨浴场做救生员。然而，他一直在琢磨如何才能改变自己的生活和处境。作为化学教师兼救生员，他十分清楚市面上流行的由化学物质合成的防晒霜并不理想。有一年的暑假，他又来到海滨浴场做救生员，百无聊赖的他懒洋洋地在瞭望塔上看着那些白晃晃、油光光的皮肤，不知怎的，他忽然灵机一动：何不搞一种天然的防晒霜呢？这一定大有市场。

郎力士决定着手研究，他克服资金不足的困难，向他父亲借了 500 美元，买来瓶子、罐子和油剂及其他试验必需品，投入到自己事业的开创之中。他没有辞职，而是利用休息日和晚上孜孜不倦地研究。经过两年的艰苦钻研，他获得了成功，纯天然椰子防晒霜诞生了。他又马上投入到艰难的推销活动中。尽管他的新产品是人们所需求的最理想的产品，可是他无钱做广告。于是他就请一些救生员试用，使用过的人都说效果好。满怀信心的郎力士又游说零售商经销他的产品。渐渐地，这种产品得到了人们的青睐，"大显身手夏威夷热浪防晒霜"的名字也就闻名于世了。

此后，郎力士辞去教师的工作，告别了那可爱的海滨浴场，全力以赴地经营防晒霜的业务，他创建的夏威夷防晒霜公司的规模迅速扩大，由原来的只有 3 个小伙计的寒酸小店一跃成为拥有 2000 多名职员的跨国公司，营业额高达1.5亿美元。郎力士购买了一幢价值300万美元的海滨别墅，过起了舒适的生活。

几乎人人都想赚到大钱，但真正赚到大钱的人毕竟是少数。没有赚到钱并不是因为他们没有能力，也不是缺少机会，而是缺少发现机会的眼睛。一个人只有经常睁大眼睛去观察周围事物，他才能深切地了解到一个行业所具备的真正潜力，或者了解到整个行业的经营趋向，从而开掘出新的、属于他自己的创业机会。而且，一个人的潜力是无限的，只有把全部的精力和热忱放在他所从事的事业上，既要多想，又要多做，他才有超越自身的成就与可能，才能成为被命运之神垂青的行业宠儿。

机会偏爱有心人

机会偏爱有心人，它只眷顾那些有准备的人，只垂青那些懂得追求它的人，只喜欢有理想的实干家。倘若饱食终日，无所用心，或一处于逆境就悲观失望、灰心丧气。那么，机会是不会自动来拜访的。

在人生路上，机会不可能无缘无故地从天而降；机会也不可能像路标一样，在前面静静地等待着你。机会具有隐蔽性和选择性，它等待着你去开发，它只垂青于那些勇于追求、敢于捕捉的人。

就环境而论，当机会出现时，大家都身处相同的环境里，都有可能掌握机会。但是机会只为有心人服务。谁具备掌握机会的条件，机会就会来到他身旁，听候他的吩咐。面对相同的环境，能否捕捉千载难逢的机会，就看他是否是个有心人了。

有一位老教授曾做了这样一个有趣的试验。他拿出一只装满了沙子的大纸盒，一边展示给学生们看，一边说："这些沙子里掺杂着铁屑，请问你们能不能用眼睛和手指把铁屑从中间挑出来？"大家都摇了摇头。"我们无法用眼睛和手指从一堆沙子中间找到铁屑，然而，有一种工具能帮助我们迅速地从沙子中间找到铁屑。大家可能都想到了，这种工具就是磁铁。"教授从包里掏出一块磁铁，把它放在沙子里搅动着，在磁铁的周围很快地聚集了箭镞似的铁屑。教授把那一团铁屑举给同学们看，说道："这就是磁铁的魔力，我们用手和眼睛无法做到的事，它却能够轻而易举地做得很好。"

同学们都瞪大了眼睛，注视着教授手中司空见惯的奇迹。教授继续说："如果说这一盒沙子就像我们面对的生活，那么，这块磁铁就是一个有心人，心在哪里，你的财富就在哪里。"

只要我们在生活中做一个有心人，全身心地投入到生活中去，你就总是能够发现，每一天都有收获，每一天都有积累，每一天都有值得高兴的事情，专注总能带给我们意外的收获。

财富在很多时候和作家写作一样，素材总是来自生活，同样的生活，有的人留意到了自己的机会，人生便开始有了转机。女人要想赚钱，只要你开动脑筋，做个有心人，遇事善于用"市场眼"扫描一番，也许赚钱的机遇就降临到你头上了。

机会偏爱有心人，它只眷顾那些有准备的人，只垂青那些懂得追求它的人，只喜欢有理想的实干家。倘若饱食终日，无所用心，或一处于逆境就悲观失望、灰心丧气，那么，机会是不会自动来拜访的。

事实上，这个世界从来就不缺少机遇。只要你认真做好每一件事、每一个细节，你就会发现机遇就在你的身边。

即使在极其平凡的职业中、极其低微的位置上，也往往藏着极大的机会。只要我们能做一个有心人，把自己的工作做得比别人更专注、更迅速、更正确、更完美；只要调动自己全部的智力，从小事中找出新方法来，便能引起别人的注意，从而使自己有发挥本领的机会。无论做什么工作，只要沉下心来，脚踏实地地去做，都能得到收获。一个人把时间花在什么地方，就会在那里看到成绩，只要你的努力是持之以恒的。

美国的基姆·瑞德先生原先从事过沉船寻宝工作，在遭遇那只高尔夫球之前，他的生活过得很平凡。

一天，他偶然看到一只因为打球者失误而掉进湖水中的高尔夫球，霎时，他仿佛看到一个机会。他穿戴好潜水工具，跳进了朗伍德高尔夫球场的水障湖中。在湖底，他惊讶地看到白茫茫的一片，足足散落堆积了成千上万只高尔夫球。这些球大部分都跟新的没什么差别。球场经理知道后，答应以 10 美分一只的价格收购。他这一天捞了 1000 多只，得到的钱相当于他一周的薪水。后来，他每天把球捞出湖面，带回家让雇工洗净，重新喷漆，然后包装，按新球价格的一半出售。

后来，其他的潜水员闻风而动，从事这项工作的潜水员多了起来，瑞德干脆从他们手中收购这些旧球，每只 8 美分。每天都有 80 万只这样的旧高尔夫球送到他设在奥兰多的公司。现在，他的总收入已达 800 多万美元。

找寻创业的机会，一般应先从自己工作的环境着手，缜密地做个计划，估测将来发展的前景，看是否是自己能力范围所及者，这样才有成功的希望。

要抓住财富机遇，首先必须发现财富机遇。生活中处处充满财富机遇。社会上的每一项活动、报刊上的每一篇文章、人际中的每一次交往、生活中的每一次转折、工作上的每一次得失等，都可能给你带来新的感受、新的信息、新的朋友，全都可能是一次选择、一次机遇、一次引导你走向成功的契机，问题在于你自身的眼光是否能发现每一次机遇。不要以为机遇难寻，其实机遇就在我们的身边，甚至就在我们的手上。

强者把握机遇，智者创造机遇，弱者等待机遇。所以，要想获得成功，不仅需要发现机遇、抓住机遇，还须全力以赴，从而改变自己的人生命运。

机会对于每个人都一样多

机会对每个人都是平等的，如果能做好准备，把握机遇并好好地加以利用，看准时机，果断行事，取得成功就比较容易；否则，将令失机者留下无穷的懊悔。

成功是需要很多条件的，比如，健全的体魄、聪明的头脑、雄厚的资金和广泛的社会关系等，但这些条件并不是每个人都能具备的。一个成功者，首先就在于他从不苛求条件，而是竭力创造条件。

我们不应该每天渴求一个大的机会摆在你的面前，这样的概率太小；概率较大的反而是被我们所忽略的无数小机会。机会不论大小，都是为有备而来的人们准备的，如果你不用心积极地把握，到头来还是一无所有。

机遇靠我们在行动中创造。在这个世界上，天上掉馅饼的事毕竟少之又少。坐等机会，财富绝不会不请自来。明知山有虎，偏向虎山行。这是创造致富机会的最佳写照。想创造机会，却不想冒任何风险，那是不可能的。

有一位美国女孩，叫西尔维亚，父亲是波士顿有名的整形外科医生，母亲是一所著名大学的教授。家庭对她有很大的帮助和支持，她完全有机会实现自己的理想。

从念大学的时候起，她就梦寐以求地想当电视节目主持人。她觉得自己具有这方面的才干，因为每当她和别人相处时，即便是陌生人也都愿意亲近她并和她长谈；她知道怎样从人家嘴里"掏出心里话"；朋友们称她是他们"亲密的随身精神医生"；她自己常说："只要有人给我一次上电视的机会，我相信一定能成功。"

可是，她为实现这个理想而做了些什么呢？其实什么也没做！她在等待奇迹出现，希望一下子就当上电视节目的主持人。她就这样不切实际地期待着，结果什么奇迹也没出现。

另一位叫辛迪的女孩，也有与西尔维亚同样的理想，最后她真的成了著名的电视节目主持人。

辛迪的成功是自己找来的。她不像西尔维亚那样有可靠的经济来源，所以白天必须去打工，晚上到大学的舞台艺术系去上夜校。毕业之后，她开始到处谋职，跑遍了洛杉矶每一家广播电台和电视台。但是，每个地方的经理对她的答复差不多都是"我们不会雇用没有几年工作经验的人"。

在洛杉矶哪里会有几年这方面的工作经验呢？她不愿意退缩，也没有等待机会，而是到洛杉矶之外去寻找机会。

几个月后，她看到一则招聘广告：北达科他州有一家很小的电视台招聘一名预报天气的女孩子。

辛迪是美国加州人，不习惯北方的生活和气候，可是，有没有阳光，是不是下雪，都没关系，她希望找到一份和电视有关的职业，干什么都行！她马上动身到北达科他州。

辛迪在那里工作了两年，回到了洛杉矶在电视台找到了一个工作。又过了五年，她终于得到提升，成为她梦想已久的节目主持人。

面对机会的来临，人有不同的选择方式。一种人单纯地接受，或保持怀疑的态度，站在一旁观望，或固执地不肯接受任何新的改变。而有的人则能运用自己的智慧，灵活变通，正确选择适合自己的机会，开辟财富道路。许多成功的契机，在起初未必能让每个人都看得到它的雄厚潜力，然而抉择得正确与否，往往是成功与失败的分界。

机遇对任何人都是平等、公正的。大的机遇不可能天天遇上，但小的机遇却常常出现在我们的身边。这些机遇既没有太大的风险，又能为展示你的才能提供机会，千万不要错过这些看似小的机遇。因为一个人尽管很有才能，也要一个展示才华的舞台。"是金子总要发光"，这话固然不错，但是，如果你不去主动寻找"发光"的机遇，可能就要错过出人头地的时机。在人生中，你能获得特殊机会的可能性还不到百万分之一；然而，机会却常常出现在你面前，你可以把握住机会，将它变为有利的条件。

别拿错过时机当借口

那些总是被机遇青睐的人并非天生的幸运，而是他们对成功的渴望更强烈、更主动。面对生活中出现的种种契机，你应该努力往前站，这小小的一步。加起来就是你的一生，穷人与富人的分界，也正在于此。

在社会上穷人是微不足道的小人物，谦恭退让是他们最基本的生存法则。但值得注意的是，这种"好性格"也有其不利的一面，那就是他们在机遇面前表现得不够积极主动，该抓住的机遇抓不着，一次次地与成功失之交臂。

失败的人喜欢说，自己之所以失败是因为天时不时，地利不利，人和不和，因此好机会就只好让别人捷足先登，轮不到他竞争。而有意志的人绝不会找这样的借口，他们不是在等待机会，而是靠自己努力创造机会。一旦有了机会，他们绝不放弃。正是一次次抓紧了机会，他们才一步步走向成功。

美国但威尔地方百货业巨子约翰·甘布士认为机遇无处不在，有时也许只存在万分之一的可能，但是毕竟它存在着。只要有锲而不舍的精神去争取，就一定会有所收获。

他的座右铭是："不放弃任何一个哪怕只有万分之一可能的机会。"甘布士这种充满进取心的性格，即使在日常生活中也表现得极为突出。

有一次，甘布士要乘火车到纽约去商谈一笔生意，由于事起匆忙，没有预先订票。因此甘布士夫人就打电话到车站询问是否还可以买到当日的车票。

由于当时正值圣诞前夕，去纽约度假的人很多，车票早早地就被抢购一空。所以车站的答复显然是没有车票了。

但是车站最后强调了一点，说如果有急事一定要走的话，可以到车站来碰碰运气，看看是否有人临时退票，不过这个可能性很小，因为在过节，一般很少有人临时退票。

甘布士夫人沮丧地放下电话，向甘布士转述了车站的答复，她认为今天肯定不能走了，只有等下一班次的火车。

谁知甘布士依然不慌不忙地收拾好行李，然后提着皮箱向门口走去。甘布士夫人连忙拦住他问："约翰，现在不是买不到票吗？你还去车站干什么？"

甘布士回答道："不是还有退票的可能吗？"

"可是这种可能性很小，只有万分之一啊。"

"我就是想去抓住这万分之一的机会，祝我好运吧。"说完，甘布士戴上帽子，顶着风雪朝车站走去。

甘布士到了车站，站在月台上，等了很久，仍是没有一个退票的人，但是他并没有着急，而是耐心地等着，同时还利用这个时间仔细考虑即将谈判的那笔生意的各个细节。

大约离开车还有5分钟的时候，一个女人急匆匆地跑来，因为她家里有突发事件，所以她不得不将票退掉，而改坐第二天的车。

于是，甘布士掏钱买下了那张车票，及时地赶到了纽约。在纽约的酒店中，他打电话给他的妻子："亲爱的，现在我已经躺在纽约酒店舒适的床上。我抓住了你所认为的只有万分之一的机会。"

当代最伟大的篮球巨星迈克尔·乔丹说过一句话："我不相信被动会有收获，凡事一定要主动出击。"可是，有85%以上的人都是被动的，如果一个人能采取主动，他就能掌握整个局面。因为只有进攻，才会有成功的机会，如果你躲在家里不出门的话，你的机会一定会减少。

我们可以肯定地说，所谓"错过机会"，根源主要还在自己身上。你可以这样问自己：对于机遇，我是否具有强烈的愿望并且付出了应有的努力？

机会不会自动找到你，你必须不断又醒目地亮出你自己的优势，让别人发现你，进而才能赏识和信任你，因此，你必须勇于尝试，一次次地去叩响机会的大门，总有一扇会为你打开。

在大多数情况下，有些人不思行动不仅仅是因为优柔寡断，而是因为畏惧。但是，每次当你要做令你畏惧的事情时，你大胆地去做了以后，你的自信心就会有所提高。因为每次你勇敢地克服了畏惧后，你都会感到自己是一个成功者。你可以切实地体验到成功的感觉，这种感觉令人陶醉。

先人一步抓住机遇

在经济发达的今天，虽然独享市场已经不太可能，但凭借先入为主之势占领市场的领先地位还是可行的。如果人不学会独立思考，而只是哪里热闹往哪里挤，最高成就也不过是从别人的碗里分些残羹剩饭。

在许多竞技比赛中，并不存在绝对的优胜，篮球比赛中领先1分，赛马领先一鼻就是胜利，尽管优势非常微弱，但这已经足以分清胜负了。

在科技发达的今天，虽然"独享市场"的时间越来越短，但也能凭借"先入为主"之势顺利抢占市场龙头地位，不管怎么说都比跟在别人后面、费劲去争夺市场要强得多。因技术领先而形成的市场垄断，也是许多公司快速成长、许多人快速致富的手段。他们利用竞争者无法及时跟进这段时间，获得了丰厚的利润。日本的索尼公司就是不断推出新产品，经常享受"垄断"所带来的厚利而成长起来的。

索尼公司从20世纪50年代中期开始成长。他们不断推出一些市场上不曾有过的产品，如电晶体收音机、电晶体个人专用电视机等，由于索尼公司对市场引导的先锋性，以至于每推一种新产品，其他大公司都会静观其行，如果成功了，他们马上推出相似产品上市。如此，索尼公司更必须具有先锋性的创意，才能保证有足够的发展动力。

某一天，索尼公司总裁盛田昭夫看到一个职员一手提着手提式录音机，另一手拿着耳机，看起来不太开心，盛田昭夫问他有什么心事，他说："喜欢听音乐，可提着听太不协调了。"一个创意很快来到盛田昭夫的脑子里——制造一个随身能够听的录音机。在一次产品策划会议上，这个创意普遍不受欢迎，但盛田昭夫坚持尝试。不久，第一台带着小型耳机的实验品送来了，灵巧的尺度与高品质的音效使他很开心。1979年索尼推出第一台随身听。

很快地，这种小型录音机供不应求，他们借助广告来刺激销售，而且试制了不同机型如防水、防尘机型，甚至有更多改良的机器型号。当然其效果是明显的，如著名指挥家卡拉扬、音乐名家史坦恩都找盛田昭夫订购，也许正因为如此，索尼公司才跻身于全世界最大耳机制造商之林，在日本也占有近50%的市场。

创造出一个全新的市场，你就没有竞争对手。比尔·盖茨曾经说过："在微软仍然盛行千万富翁精神，因为我们的主要目标之一就是不断地自我更新——我们必须确保是我们自己而不是别的什么人将我们的产品更新换代。"对于一个企业来说如此，对个人来说也是如此，即使你还不具备领先一步、创造新产品的能力，但是如果能率先发现螃蟹的美味，依然可以保证自己的收获。

机遇对每个人来说都是均等的。谁能超前一步看到机遇，先人一筹抓住机遇，谁就能获得旺盛财气，猎取到更多财富。总是步别人后尘、跟在别人屁股后面走的人是赚不到大钱的，这样机遇就永远属于别人，自己得到的只是残羹冷炙。

寻找不平常的机遇

生活中处处充满机遇，关键是你有没有发现商机的慧眼，愿不愿意开动脑筋去思考，把潜在的商机挖掘出来，变成看得见的财富。

很多人都埋怨命运不公，觉得自己的机会很少，其实是因为他们不善于发现机会并且没有抓住机会。

有些人很想有所成就，很想获得财富，但是还没有动手就感到非常为难，因为他们搞不清楚自己想要做什么。由于思想上没有一个明确的目标，所以觉得很难决定下一步要做什么。于是，他们就坐在那里等待奇迹，然而，奇迹并不是光凭等待就会来的。

生活并不缺少机遇，而是缺少发现机遇、抓住机遇的素质。如果有了很高的素质，即使生活没有机遇，也能创造机遇。

"机不可失，时不再来。"人人都会说这句话，但有很多人只有等到机会从身边溜走之后，才恍然大悟、如梦初醒。其实，机遇对任何人都是公平的，关键要看你是不是一个有心人。

有个北方的女子，在上海高新开发区工作，年薪10万元。中午趴在办公桌上休息的时候，她发现了一个商机：一些白领阶层最缺乏的就是忙里偷闲地多休息一会儿，舒缓身心疲惫、养精蓄锐。但公司一般不可能放几张床让你休息，于是她就想开个小旅馆满足这一部分人的需求，给那些身心疲惫的人提供暂时休息的场所。

于是，她辞掉了年薪10万元的工作，专心地做这件事情。最早她只开了8个房间，每间房每小时5元，起名字叫"睡吧"。然而，最初的生意并不好，没钱的时候，父母给了她很大的支持。经过不断的琢磨，她把"睡吧"改造成了家庭卧室般的模式：有素雅的窗帘，有温暖的壁灯，床头柜上摆着各种休闲杂志，还可以戴上耳麦欣赏音乐等。

她的生意突然就好了起来，睡吧的预订电话被打爆了。因为床位供不应求，她又借钱扩展了200多平方米，并按配套设施分出高中低档，不同档次有不同的收费标准。之后，她的睡吧又拓展了"催眠"等业务。再后来，有人出资找她合作，如今的她每年可获得100万元的收入。

机会偏爱有心人，只垂青那些懂得追求它的人，只喜欢有理想的实干家。倘若饱食终日、无所用心，或一处逆境就悲观失望、灰心丧气，那么，机会是不会自动来拜访的。

不要拿自己学历不够、见识不广当借口，哪怕你只是一个普通的家庭主妇，每天从做菜的材料中也能发现不少赚钱的契机。

打鼾是人们晚上听惯了的"节奏"，哪一天，这声音消失了，身旁的人还会觉得不踏实。但鼾声如雷，还是会给周围人带来烦恼。

澳大利亚的荣地查兰在长期遭受丈夫的鼾声之苦后，引发了要制作"夜安枕"的念头。她很仔细地观察丈夫睡觉时头部和颈部的位置，并认真将其描下来与平常人进行对照。经过较长时间和较仔细的研究，她发现打鼾者均与其睡觉时头、颈、肩部的角度有关。在此基础上，荣地查兰设计出了"夜安枕"。这个枕头目的在于让使用者不论侧睡还是仰卧均能保持气管呼吸的顺畅。经过试用和改进之后，便正式投产并推向市场，目前"夜安枕"在中国香港地区、日本、美国都受到人们的欢迎。

要拥有财富，就必须具有独特的眼光、敏锐的观察力和准确的预见能力，想别人所不敢想，为别人所不敢为，大胆创新，去寻找一片新的天空，开拓一片新的领域。出色的经营需要有别具一格的创意，需要独辟蹊径，需要在被别人忽略的地方开创出一条崭新的道路。

在人的一生中，一次偶然的机会，引发了伟大而深刻的发现，使科学家功成名就；一个悄然而至的机会，使有的人大展才华，干出一番惊天动地的事业，从而名垂青史……这样的事例举不胜举。

但是，抓住机会却不是任何人都可以做到的。能不能预见机遇的到来，能否在它来临之际抓住它，都取决于你是否具备了一种能力，取决于你是否具备了敏锐的感觉并有先见之明。

寻找商机更要创造商机

提到创新，有些女人总是觉得神秘，似乎它只有极少数的人才能办到。其实在商业上的创新，不仅仅在于你拥有专门的、高深的知识，创造出了一种新产品，事实上，越是司空见惯的生活琐事，越可以发掘出新的商机。

随着社会的不断发展，市场日趋完善，现成的机会恐怕越来越少。因此，如今赚钱的高手不仅要努力寻找商机，更要去创造商机。世界正逐步进入知识经济的时代，财富的增加，更多是要依靠认识的更新、头脑的创意。

有许多人也想干一番事业，但总是强调没有资金或其他必备的条件。实际上，资金等条件都是次要的，只要更新观念，摆脱传统思维模式的束缚，就能够想别人想不到的主意，最终获得成功。创新是一种美丽的奇迹，它能使一个人实现财富梦想，从而改变自己的一生。

王树彤文静而漂亮，个子不高，甚至有些娇弱，乍看起来，你很难把这个柔柔弱弱的年轻女子与卓越网惊人的业绩联系起来。然而正是这位女性把卓越网从无到有、从小到大，办成了中国名列前茅的电子商务网站。

可以说，卓越网的每一步成长都与王树彤骨子里敢拼敢闯的性格密不可分。不管在互联网的狂热当中还是在今天互联网光环褪去的冷静时刻，王树彤的行动都是理性而执着的，尤其是在8848等一批风云一时的商务网站倒下的那段时间，卓越网几乎是在人们的骂声与怀疑中艰难地向前行进着，王树彤仍坚信："我凭直觉对互联网有清晰的感觉，本来的大方向是一定的，接下来是怎么踏踏实实去做。"也正是王树彤的这个想法，才使得她在艰难中没有退却，直至取得今天不菲的成绩。

如果你想做一个优秀的商人，绝不能对日新月异的社会变化产生恐惧，相反，还应有一套切实可行的应变计划，使自己能够敏锐地把握生活中那些稍纵即逝的机会。

商家要想自己的商品永葆魅力，除了要不断提高商品本身的品质，还必须树立"服务创新"的意识，不断更新和完善自己的服务品牌。这种创新就是一种发展机遇，是将生意做大的动力源泉。

日本著名的女企业家寺田千代起初是一家个体运输户，现在已经发展成为一名很有影响力的企业家。20世纪70年代爆发了世界性的石油危机，运输行业日渐衰落。当她决定在"帮人搬家"这一新兴行业大显身手时，便决定不局限于"搬家公司只管搬家"的传统经验，力求摆脱以往搬家公司的死套路，将"为用户提供以搬家为中心的综合性服务"作为目标，尽力与搬家有关的多项事务广泛联系。

寺田千代为了将"令人劳累头痛的搬家"变为"令人轻松愉快的旅行"，她委托德国的巴尔国际公司专门设计制造了一种新型的搬家专用车。这种车全长12米，高3.8米；前半部分为上下两层，第一层是驾驶室，第二层是一间大客厅，里面有舒适的沙发，有供婴儿睡觉的摇篮，还有电视机、录音机等电器。汽车的后半部分是装运家具、行李的车厢，载重量是7吨，一般家庭的所有器物都能一次性运完。她还专门设计了与这种汽车相匹配的集装箱和吊车，居住楼房的客户搬家时，只需用吊车将集装箱送到窗前即可作业。由于汽车的车厢非常大，全部家具行李都能装入车厢，既可靠，又安全，行人什么都看不见，这充分照顾到了一般客户担心财物遗失和不愿让别人发觉的心理。寺田千代还为她所定做的这种新型搬家专用车起了一个神秘的名字——"21世纪的梦"。

寺田千代考虑到顾客在搬家时需要处理许多杂事，譬如，新居的室内设计、陈设和装修，室外环境的清扫、处理废旧物品等，以及迁移户籍、变更电话、更改水电供应等大小事项。于是，她的"阿托搬家中心"延伸出了代办业务。

据不完全统计，寺田千代通过"搬家"这一事务而多方联想，想出和确定下来的多种搬家项目有十多项。"阿托搬家中心"成立后，由一个地区性的小企业，很快便发展成为在全国享有名气的中型企业。

事实上，越是司空见惯的生活琐事，隐藏的商机越多。拿搬家来说，从表面看只是将一个家庭的物品换一个地方，但是与其相关的事件却是无限多，而且随着时代的发展，搬家公司的服务内容还将要随时更新。生活中，许多人也有赚钱的愿望，可是茫然四顾，却找不到入手的地方。他们会感叹说："晚了，该做的生意已经早就有人做了！"但是，事实正相反，做生意的人越多，产生的商机也越多，如果你把一个事物、一个现象往深了挖掘，往往会发现一些新的着眼点。

总是在别人用过的套路里打转转是赚不了钱的，这时你唯一能做的，就是改变自己的观念。当经验在大脑里越积越多，甚至形成一种思维定式的时候，总习惯用自己的价值标准和思维模式来评判事物，这就叫作思想僵化。殊不知，时代总是向前，逆水行舟，不进则退，不创新、不革命，终将被淘汰。

中篇

懂理财

第一章 理财有技巧，针对不同人群设计的理财方案

月光族的理财方法

他们一个月挣 2000 元钱，就买 1000 元的包或衣服、500 元的化妆品；基本不在家做饭，顿顿在外解决；往往 3 个月就会换一次手机……他们生活自由，有赚钱的能力更有花钱的激情，敢于超前消费，敢于花明天的钱享受今天的生活，但他们的银行存款永远是零，经常面临借债的窘境。他们应该怎么办？如何摆脱左手进钱右手出钱的困境。下面，理财专家来教你几招避免成为"月光族"。

症状：不知道钱花哪里去了

处方：坚持日记账，理性分析支出结构

这是"月光族"最典型的症状，有很多的年轻客户都跟我讲述这样的困惑，其中不乏月入 5000 元以上的白领。在这种情况下，你问问自己：我每天记账吗？得到的答案都是一脸茫然：没有。

要知道钱花哪里去了，记账应该是最好最有效的办法，

如果每次的支出都有记录的话，钱花到哪里去的问题就会迎刃而解。记账很简单。可以上网下载一个理财软件，利用其中的日记账功能记账，也可以自己建立一个 Excel 表，最最简单的办法就是找一个本。专家倾向于每天的记账用本，每个月进行分析的时候用 Excel 表，便于归类统计。

建立日记账不是仅仅为了记账，而是要从记录下来的数字中去分析自己的支出结构，哪些是刚性支出（生活需要，无法减少的支出，花费每月基本固定），哪些是弹性支出。而弹性支出恰好是我们的分析重点，节流就是得从弹性支出入手，逐步减少可有可无的支出，严格控制不该有的支出。

任何事情贵在坚持，只要能坚持半年以上，我们就可以掌握自己的花钱规律，有计划地进行节流。另外，建议每半年做一次个人的资产负债表，当资产逐步上升的时候，成就感就会自然而生。

症状：看到喜欢的东西就想买

处方：分清需要和想要的，冷静期

曾经有一个"月光族"客户说，她特别喜欢鞋子，看到好看的鞋子就想买，而且基本上每双都在 400 元以上，因为便宜的她也看不上，尤其喜欢真美诗品牌，已经有 30 双真美诗鞋，其实她陷入的是一种欲望的怪圈。这种欲望可能来自从小的家庭教育，因为目前的"月光族"以独生子女居多，从小他们的各种欲望都会被无条件地满足，长大工作后，由于惯性的作用就无法控制了。

专家建议，只买需要的，控制想要的。所谓需要的，是指缺少了这件东西，生活无法继续或严重影响生活质量。看到想要的东西时，给自己一个星期的冷静期，因为好的东西太多了，任凭你有多少钱都是买不尽的，而且往往冷静期过后，我们就会发现我们已经不太想要原来看中的东西了。

症状：每月剩余不多，攒钱也没意义

处方：强制定期储投，积极投资

之所以成为"月光族"，其中一个很重要的因素是"月光族"自制力太差，做事没有计划性，因此，建议"月光族"在日记账的基础上分析自己的支出结构，确定在不影响生活质量的基础上对每月能结余的金额，做一个储蓄计划，采用强制储蓄的方式，每月一发工资，就先把这部分钱从日常支出中扣除出来。

通常情况下，储蓄率应该在20%以上为宜。

对于"月光族"来说，虽然每月的剩余不是很多，但是如果把这一部分做一个自主投资的定期储投，收益也是非常可观的。所谓定期储投指的是定期（每月/每季度/每半年/每年）把一定数量的钱投资到选定的投资组合中去。定期储投主要有下面几种方式：

（一）银行零存整取

"月光族"可以到银行开立一个零存整取账户，每月在发工资的当天就去银行存钱。

（二）基金定期储投

基金是非常适合广大投资者的一款金融产品。目前国内有部分商业银行开办了基金的定期储投业务。投资者只要和银行签订一份协议，银行就会在固定的时间（比如每月的 1 日）扣除事先约定的金额购买选定的基金。

（三）投联结产品

投联结产品又叫 101 储投计划，在国外比较流行，主要是为小资金提供一个新的投资渠道。这类产品由人寿保险公司推出，但是和一般保险产品不同的是，客户出险的时候保险公司只赔偿账户余额的 1%，因此，名义上讲 101 储投是保险产品，但是从实质上来讲，它是一款投资产品，投资决策权在客户手中。

所以，只要持之以恒，就算是小资金，也是能积累大财富的。通过适当的投资方式，"月光族"将会彻底告别月光，并能从中享受投资带来的乐趣。

不同年龄的人如何理财

在当今时代，对于处在不同年龄层次以及不同人生发展阶段的人士，如何与时俱进，重现自己"首席财务官"

的风采呢？

25 岁以下——理才重于理财，投资自身回报最高

经常听到有很多年轻人振振有词地说，钱是赚出来的，不是省出来的。这话固然有理，然而，要能赚到更多的钱，首先需要有赚钱的本领。这是一个理才重于理财的时期，这个阶段投资自己，比自己投资更重要。

单身人士——储备结婚基金，准备终身大事。一般来说，结婚基金属于短期需求，因此，定期存款、现金的比例必须在五成以上，以保持资金的稳定度。另外，低于五成的资金，也应该把目标锁定在稳健型的投资工具上。例如，每年分红稳定的股票型或稳健型的基金产品。

26 岁到 45 岁间——储备子女生育基金，转型家庭理财

这是一个理财最为复杂的时期，个人理财逐渐转变为家庭理财。一来，工作上可能会有升迁或变动，使自己能有更好、更稳定的收入来源；二来，面临结婚生子，子女抚养和教育费用逐渐增加；三来，父母年事渐高，赡养老人的义务也逐渐提上日程。

初期时，为了把家庭变成真正的避风港，需要进行家庭风险管理，建立家庭风险管理基金，并开始选择保险等未来保障型产品。还可以适当考虑一些收益较高的投资理财工具。一般来说，家庭的风险管理还是应该以保险和银行定期存款为主要工具。因此，应该先罩上一层安全网，再来进行其他的投资目标规划。

从国外的情况看，一个人适当的保险金额，应该至少是每月总收入的 72 倍，也就是所谓"72 原则"——保险提供的保障应该至少足够在没有工作的情况下支撑 6 年。

在后期时，需要逐步降低风险，增加流动性，因为，随着结婚与子女的出生和成长，教育基金的需要量也会同步增长。因此，在孩子年龄还小的时候，考虑到教育基金的重要性，家庭的现金支出压力会增加，加上买房的压力，抗风险能力会降低。所以，这一时期不宜投资高风险的投资品，主要兼顾流动性与保障。

45 岁到 55 岁之后——维持生活水准，做好退休保障

这一阶段主要是为自己退休后的生活进行准备的阶段。可以根据家庭成员的状况分别安排资金，由于资金刚性支出压力较小，可以相对灵活地进行安排。比如，给自己或家庭成员再购买保险，资金充裕的话可以考虑再购买一套房等。但仍不宜进行炒股等高风险的投资，宜改投国债或者货币市场基金这类低风险的产品。

总的来说，不同的人、不同的家庭在制定自身理财方案时可能会有较大的不同。但最为核心的是，自己一定要有综合理财的概念，对于自己的未来要有全盘考虑，这样才能做出最适合于自己的理财方案。

新婚小家庭如何理财

刘芬和先生都从事 IT 行业，去年十一结婚。刘芬的月

薪在 4000 元左右，先生是高级技术人员，年薪可以拿到 10 万元。夫妇双方均有完善的三险一金，外加补充医疗保险，已经购买了一辆 10 万元左右的车。现有银行存款约 20 万元，其中 10 万元是一年期定期存款，其余都是活期存款。两人平时消费基本都使用信用卡。

希望能够在四环以内用公积金贷款购买一套 100 平方米左右的商品房，并在一年以后打算要孩子。买房是不是经济压力太大？20 万元的存款怎么才能够活跃起来"钱生钱"？

理财师认为：刘芬夫妇都处于事业发展上升期，收入稳定并有较好的三险一金保障，没有负债和培养子女的压力，风险承受能力较强。人生处于这个阶段，主要考虑的问题有三方面：一是在风险承受范围内使投资收益最大化；二是节约消费性开支，为购房和生孩子做准备；三是追加保险，提高家庭财务安全性。

现行的投资方式过于保守，收益较低，应将部分资金投资于高收益的产品。

小武准备跨出人生重要一步，结婚。然而，二人世界和"单身贵族"的生活是完全不同的，婚后该怎么处理有关财务的种种问题呢？

小武是位标准的办公室白领，在一家外贸公司做行政助理，收入还算不错，大概每月 6000 元左右。小武的男朋友小良也在同一家公司工作，任职部门经理，月薪万元左右。小武是女孩子，花钱比较注意节省，目前有 10 万元左右的存款；而男朋友虽然收入要多一些，但从不算计，所以，目前只有一辆车，存款不到 5 万元。两人都没有买房子，准备婚后再买。两人相恋 5 年，准备在今年结婚。但一方面，两人都当了长时间的"单身贵族"，对婚后生活或多或少都感到有些心里没底；另一方面，两人都没什么理财经验。那么，婚后小武该如何打理小家庭的财产，怎样根据双方经济收入的实际情况，建立起合理的家庭理财制度呢？

理财师建议：

（一）理财方式慢慢磨合；

（二）不要冲动消费；

（三）双方财务要透明；

（四）及早计划未来；

（五）建立家庭账本。

结婚成家后，理财就成为夫妻双方的共同责任。小武和男朋友虽然恋爱很长时间，但由于没有共同生活经历，所以，一定要做好消费习惯不尽相同的思想准备。在新婚后的一段时间内，应该充分尊重对方的用钱习惯，即使你觉得对方过于节俭或消费无度，也不要太多干预，只能在共同生活中循序渐进地适应磨合。对于重要的财务收支，要共同商量，免得引起不快。新婚家庭的经济基础一般都不强，所以，不要超越经济承受力，讲排场、冲动消费。

要避免买很多不必要的物品，在遇到对方提出不必要的购物提议或要求时，不妨坦陈自己的意见和理由。

夫妻双方的收支情况采用透明的方式比较好，最好也不要设"小金库"。对于日常生活开支，在不浪费的前提下，双方自由支配收入，但应该将节余资金进行有长期计划的投资，通过精心运作，使家庭资金达到满意的收益。对于刚建立家庭的年轻夫妇来讲，有许多目标需要去实现，如养育子女、购买住房、添置家用设备等，同时，还有可能出现预料之外的事情，也要花费钱财。

因此，夫妻双方要对未来进行周密的考虑，及早做出长远计划，制定具体的收支安排，做到有计划地消费，量入为出，每年有一定的节余。新婚家庭不妨设立一本记账本，通过记账的方法，使夫妻双方掌握每月的财务收支情况，对家庭的经济收支做到心中有数。同时，通过经济分析，不断提高自身的投资理财水平，使家庭有限的资金发挥出更大的效益，以共同努力建设一个美满幸福的家庭。

家庭负担重的人如何理财

理财案例

赵女士在一家大型国企工作，目前月工资在2000元左右，其他月收入3000元左右；丈夫月薪3000元左右，工作比较稳定，在单位有20万元股份，年终分红20%；双方均有大病、养老、基本医疗保险；给刚出生50天（以来信时间计算）的儿子买了一份教育险，年缴 3200 元；现有住房贷款 22 万元，月付 1700 元，按揭 19 年；平时每月开支在 2000 元左右。现有存款 3 万元；双方父母在农村，过几年就需要我们养老。本人希望在近年内换个大套房子或购一辆私家车，不知可不可行？

财务分析

赵女士属于中等收入家庭，且夫妻双方收入稳定，大病、养老及医疗保险齐全，每月支出中按揭费用占家庭总支出的 46%，经济压力不大，而且没有投资支出。

理财建议

从长期来讲，年轻的时候如果能积极地安排理财投资，对于个人及家庭的财富增长是非常有利的。因此，我们建议赵女士增加每月固定的投资支出，比如可以将每月结余的资金做基金的定期定投。基金的定期定投在国外是一种很成熟的投资方式，在国内还处于刚开始的新兴业务。客户通过网上银行设置好每月（也可以每两月或每季）投资的金额、日期及持续期限，系统会根据设定自动发起基金的申购。

赵女士目前处于上有老，下有小的状态，因此，其投资除了要追求高额的回报，还要考虑到一定的风险承受能力。建议将现有的 3 万元银行存款分作两部分，一半作为家庭的备用金（一般家庭备用金为 3 个月的家庭月支出），另一半与丈夫每年的年终分红一起，形成一笔专门的投资资金，选择收益与风险相对均衡的股票型基金。

如果要购买私家车，以 10 万元左右的家用轿车来计算，车价加上购置税、保险及一些其他费用，几乎是赵女士家庭一年的全部收入。所以如果不是急需用车，建议过两年再考虑此事为好。

三口之家如何理财

别让您的钱躺在银行里贬值！在财富增长的今天，越来越多的人开始拥有属于自己的家庭剩余财产。

"我们接触过的客户中，不乏这个城市中的高收入人群，但他们的个人财务状况往往一团糟，白白地丧失了博取更高收益的机会"，经常听到理财师们发出这样的感慨。还有一些投资者因为缺乏规划，盲目投资造成了不必要的亏损。

三口之家是我们身边最普遍的家庭构成形式，不少家庭把理财的目的放在了如何提高生活、居住水平，并为孩子未来的教育、结婚、购房等计划积累资金。

理财师指出，针对不同的年龄阶段、不同收入层次的家庭理财计划也是不同的，今天我们推出的 3 个三口之家的理财计划，分别是针对刚有孩子的青年家庭、孩子即将上学的中年家庭、孩子已经工作的老年家庭而制订的理财计划，拿您的情况和以下三个例子进行一番对比，或许您将有不小的收获。

（一）青年白领偏重投资

家庭概况：傅先生，大学毕业，33 岁，外企白领，月收入 6000 元，年底分红 10 万元；傅太太，研究生毕业，31 岁，某著名外企驻宁财务管理人员，月收入 5000 元，年终奖 2 万元；住房 120 平方米，小孩 1 岁，存款 50 万元，股票 30 万元。

关注问题及需求：傅先生多年股市投资收入颇丰，对投资市场感情深厚，但最近因市场不好想投资黄金并想另购小套出租。

理财策划：傅先生的理财需求是比较明确的，家庭资产状况也比较简单，他对投资市场具有一定的了解，因此，也具有一定的风险意识和承受能力。这是他的理财设计的着眼点，同时要对他做全面的建议，毕竟他和太太已经不是完全没有牵挂的人了。

理财方案：

傅先生夫妇所属企业虽然参加了社会医疗、养老和失业保险，但保障依然很弱。针对保障比较低的状况，建议其增加对商业保险的购买，主要险种为保障型的重大疾病保险，被保险人为夫妇二人，金额各为 30 万元左右。同时投保教育年金，尤其是有投机意识的家庭，必须强制为孩子进行教育储蓄。

建议傅先生以股票投资为主，股票基金投资为辅，为保持资产的流动性可以进行一些货币基金、通知存款的投资。

小套住房的投资可以选择市中心高校附近的公寓楼，40～50平方米，总价40万元不到，以目前的存款可以办理按揭，将来相对来说具有升值潜力，也易于出手。

目前的黄金投资主要有贺岁金条（收藏价值）、高赛尔金条（价格活跃）、纸黄金、盎司金等。黄金作为一种中长线投资的品种颇具潜力，黄金价格是与国际市场同步的，所以，投资黄金也要注意国际金价，建议傅先生初始炒金时应该将金额控制在15%以下。

（二）中年中产稳健投资

家庭概况：陈先生，研究生毕业，37岁，省企高级经理，基本年收入5万元，奖金收入10万元左右；陈太太，大学毕业，35岁，事业单位科员，年收入10万元；小孩7岁，准备上小学。夫妻二人均有良好的社保，在市中心有住宅1套，无按揭，但周围无好的学校。目前有存款80万元，并少量炒汇。

关注问题及需求：小孩要上好一点的小学，但不准备买学区房，准备2～3年后在市郊购置条件好的新房，并将目前的普桑换成12万元以上的新车。

理财策划：仅以简单的现金流量计算，每年收入为期望20万元（陈先生奖金收入不稳定，以50%的平均概率计算），每月支出4000元，房租差1000元，3年后将有近140万元的资产，应付购房购车是足够的，所以，在确保生活水平和意外保障前提下，提高收入和财务安全是理财目标。

理财方案：

编制家庭收入支出现金流量明细，计算每年净流量，为以下理财建议提供依据，并且，预测在 2 年或者 3 年后，大额支出后向银行借贷的现金留出预算。

陈先生和太太可以购买意外/医疗保险，而且，由于他们两人对家庭收入都非常重要，建议保费相当，并且，建议采取年缴费方式，不影响中期的大量资金支出的需求；同时，可以有计划地为小孩购买长期投资类保险，为孩子将来的教育进行准备；保险总的年支出可以控制在年收入的 15%。

陈先生自己炒汇，可以结合其他形式判断他在投资上应该是属于比较进取型的，但由于在 3 年后需要购房换车，建议他至少将首付款即 30 万元以上购买短期国债，或对应期限的银行理财产品；如果陈先生自己有时间的话，可以建议通过网上银行或财富账户进行股票投资，规模在 20 万~40 万元，如果没有时间，可以建议购买股票基金并长期（3 年以内持有），同时在炒汇的基础上，尝试收益更高的外汇期权产品。

陈先生家庭收入高，但也要维持高层次的生活水平和防止临时性开销，所以，建议保留 10 万元左右的备用金，投资于货币基金或者类货币型产品。

（三）老年夫妇如何理财

家庭概况：王先生，国企职工，大学毕业，52 岁，月收入 3500 元；王太太，大学毕业，50 岁，报社工作，月收入 6000 元，保障充裕，并分得住房 90 平方米；儿子 24 岁，银行工作，月收入 3000 元，全家存款 40 万元，国债 5 万元，股票 5 万元。

关注问题及需求：资产如何保值增值，以供儿子结婚、老两口养老，并视情况购买家庭轿车。

理财策划：

家庭每月的支出在 2000 元，这样每月的现金流入接近 1 万元，还是比较可观的，但抗风险的能力并不强，总体上的投资建议应该以安全性为主。

王先生的儿子已经到了结婚的年龄，进行房产的投资已经纳上议程，所以在父母的支持下，可以购买中户型的房子，总价 50 万元左右，可以儿子的名义购买。如果位置稍远，可以考虑购买 8 万元左右中小排量的汽车。

人生处于退休阶段的时候，除了特殊情况，比如返聘、投资、私人业主等情况，基本上收入流已经没有了，所以，遵从的投资原则一定是安全性，风险投资只有在有闲散资金时可以适当地进行。

方案架构：

延续保险投资，新购买的保险应该具有针对老年人的特点。解决遗产除遗嘱、信托以外，还可以利用保险的手段。留给子女的资产可以进行安全性投资，如国债、受托理财产品等。在度过安逸、愉快的晚年生活时候，可以进行一些带有储蓄性的投资，如邮票、字画、古董等。

中等收入家庭如何理财

理财案例

我老公年收入10万元左右，我年收入3.5万元，另外，每年公积金4万元，目前存款2万元，每月还房子商业按揭款3000元，生活费1000元（与父母住一起，每月支付），每月其他支付1500元（汽车使用1000元，其他开支约500元），女儿刚4个月，今年还需在年底还父母4万元购车款，春节向双方父母送礼6000元，每年其他开支（如结婚喝酒之类）2万元左右。请问理财师：像我这样的家庭如何理财才能达到最好效果的收益？

家庭财务分析

（一）从该女士家庭的收支状况来看，家庭年收入17.5万元，已跨入了中产阶层；今年家庭年支出13.2万元，年结余4.3万元，结余比率达25%。

（二）家庭财务结构欠合理：

1. 目前家庭流动资产较少，房产35.71万元（按首付3成计算房产总价）占据了总资产37.71万元的95%，却不产生任何收益，抗风险能力较弱；

2. 从现有资产安排来看，没有投资金融资产；

3. 家庭风险保障力度不足；

4. 家庭收入来源单一，无工作外收入。

因此，今后家庭的理财活动应以围绕注重积累、提高金融资产比重和投资收益这一中心来开展。

理财建议

（一）改善家庭财务结构：建议将两套按揭住房中总价较高的一套做加按揭，用于提前偿还另一套住房贷款进而逢高沽出套现，将获得的丰富现金流投资于收益较高的金融资产。如将月供 2000 元、17 万元按揭 13 年的住房增值部分（按市场价暂估增值 8 万元左右不成问题）做加按揭业务，则增加月供 740 元左右，合计每月按揭房款 2740 元左右。

（二）筹划子女教育金：女儿刚四个月，让其接受最好的教育是该女士家庭将来最大的希望，且随之成长，此部分费用可能会增加较多，因此教育金规划十分必要。建议该女士从每月收入的结余中首选基金定期定额投资方式，每月至少规划出 1000 元、年储蓄不少于 12000 元选择合适的基金定投，中途可赎回，兼具流动性和收益性，品种上宜选择业绩稳定的明星基金公司产品。

（三）家庭应急资金的安排：用月固定支出 3～6 倍继续以银行活期存款或货币市场基金的形式作为家庭应急资金安排；另外可办理一张银行信用卡，利用适当的信用额度也可作应急金的补充。

（四）中长期投资计划：建议将年度结余的30%～40%购买安全可靠、收益稳定的银行理财产品和投资开放式基金。如未来该部分投资不作其他用途，则可作为夫妻俩养老退休准备金。另外，在牛市格局逐渐形成的形势下，若该女士家庭具备一定的投资经验和风险承受能力，基金、股票都是获取高收益的投资途径。

储蓄也是一种理财

储蓄，也是一种投资。

在经济高速发展，投资理财形式日趋多元化的今天，存款仍然是最重要的投资理财方式。

如果你没有勇气投资理财股票；

如果你没有资本投资理财房产；

如果你没有信心投资理财债券……

那么，存款应该是你最好的选择！

存款虽然原始但是最保险的一种投资，尽管许多人不同意存款就是投资理财这种说法，但还是选择了存款这种方式。在人们的观念中，似乎能带来滚滚利润的资本行为就是投资理财，如炒股、做生意等。但人们忽略了炒股也会赔钱，做生意也会蚀本这种结果，如果能把这点和存款结合到一块儿来全面看问题的话，那么，在观念上接受存款就是投资理财就应该是顺理成章的了。

存款带来的利润虽不能让人十分满意，但毕竟是有利润的，而且保险。

和其他种种投资理财方式相比，存款无疑是原始的。中国封建社会的钱庄和银号，功用大概类似现在的银行。但在保险性上，却远远比不上银行。

存款，发端于封建社会而长盛不衰，特别是在近代资本主义社会和当代社会里，更是到了如日中天的地步。这足以说明存款这种投资理财行为的魅力。

只要你有富余的资金，你就可以参加存款这种投资理财方式，因而，存款成为最受人们欢迎的投资方式。

存款这种投资方式，有许多其他投资理财方式没有的特点，它的好处在于：

（一）没有投资金额限制。

八元十元、百元千元都可以存进银行。不像投资理财别的领域，需要一定的货币积累，比方说你想投资运输，那么你首先要有买一辆车的钱。

（二）灵活多样。

灵活多样包括两方面内容：

1. 存期的灵活性。你可以根据自己的情况，选择3个月、半年、1年、2年等存期。另外，灵活性还表现在你可以提前支取，不受定期的限制。

2. 类别的多样性。你可以根据自己的情况任意选择定期、活期、定活两便、零存整取、通知存款、教育存款等类别。

（三）安全。

假如你选择把钱放在你的衣柜里，它不付给你利息而且可能失窃、失火。但放在银行里，你就少了这份担心，银行的保险和保密措施将使你的存款非常安全。

（四）保值。

存款受国家法律保护，存款自愿，取款自由。国家常常通过变动利率来调整货币供应量，对经济发展施加积极的影响。你的存款随利率同升而不随利率同降，何乐而不为。

银行存款的利，也就是好，但银行存款也有不足之处。

1. 利率太低，利润太小。

尤其是在近年央行连续多次调低利率后，可以说利率降到了历史的最低点。现行一年定期存款的利率是2%左右，投资者的收益实在是微不足道。1万元钱存一年，只能得200元钱的利息，实在让人动不了心。好在大多数的投资者存款不是冲着这个目的来的。

2. 实行实名制，有灰色收入的投资者不太满意。

对于工薪阶层、普通劳动者来说，实名制未必不是一件好事。但对于手脚不太干净的官员来说，的确是心存隐忧。严格说来，这不是实行实名制存款的错，也不是存款投资的不足。

3. 用密码、身份证等信物支取有时会带给储户的不方便。

对一些中老年、有健忘症的储户来说，要牢记4位数或6位数的密码并不是一件容易的事。而身份证，遗失的情况并不罕见。相反，一些作奸犯科者利用假身份证也出现了侵犯储户利益的隐患。

4. 存单丢失，存款被冒领。

尽管这种情况很少出现，但仍暴露出银行存款还存在着缺陷。

因而，存款投资对下列投资者最适用：

1. 收入不固定的投资者。

2. 无力进行其他投资理财但有多余资金者。

3. 受8小时限制且收入不高的上班族。

4. 有富余资金，但潜藏着消费可能的投资者，比方说将要购房，买家电，孩子上学等。

5. 从事商贸活动，有相当的周转资金应存进银行。

6. 有较高的固定收入，生活适意，吃过投资理财其他领域的亏，对其他投资理财没有兴趣或丧失信心的人。

7. 承受风险能力差的投资者应选择存款，这是因为存款的风险性最小。

保险也是理财的好方法

世界上许多事情的发生往往是人们始料不及的。在人们的周围，时时刻刻都潜伏着意外之事发生的可能，有些是好事，有些是坏事，好事带给人们的是喜悦和欢乐，而坏事则让人感到惊恐和沮丧。所以中国古代的圣贤们便得出了一句极富哲理的话："天有不测风云，人有旦夕祸福。"

我们的周围潜伏着大大小小的风险，住房可能被雷击、被火烧，煤气可能泄漏危及人的生命，财产可能被盗窃或抢劫，飞机可能坠毁，轮船可能触礁。这些可怕的事一旦发生，就会给个人带来巨大的经济损失。

正是因为上述种种风险的存在，所以，保险作为一种事前的准备，和事后的补救手段，便应运而生。

所谓保险，是指由保险公司按规定向投保人收取一定的保险费，建立专门的保险基金，采用契约形式，对投保人的意外损失和经济保障需要提供经济补偿的一种方法。根据保险合同，当投保人由于某种风险直接发生在其身上而蒙受经济损失时，保险公司答应支付一笔款项给他以弥补他所受的损失。因此，承担损失的责任就从投保人转移到保险公司身上。保险公司为了承受赔偿责任，向投保人收取一定金额的保险费。

保险理财师建议，在购买和选择保险产品时以下五点技巧非常重要。

技巧一，货比三家

尽管各家保险公司的条款和费率都是经过中国银保监会批准或备案的，但比较一下却也有所不同。如领取生存养老金，有的是月月领取，有的是定额领取；大病医疗保险, 有的是包括几十种大病, 有的只有几种, 这些一定要看清楚, 问明白, 针对个人情况, 自己拿主意。同时, 要多比较各不同公司同类保险产品中的条款, 重点要看保险责任、除外责任等关键性条款。

技巧二, 要仔细研究条款

要亲自研究条款, 不要光听介绍。保险不是无所不保。对于投保人来说, 应该先研究条款中的保险责任和责任免除这两部分, 以明确这些保单能提供什么样的保障, 再和自己的保险需求相对照, 要严防个别营销员的误导。没根据的承诺或解释是没有任何法律效力的。同时要明确自己的需要, 首先考虑自己或家庭的需要是什么, 比如, 担心患病时医疗费负担太重而难以承受的人, 可以考虑购买医疗保险; 为年老退休后生活担忧的人, 可以选择养老金保险; 希望为儿女准备教育金、婚嫁金的父母, 可投保少儿保险或教育金保险等。此外, 在单身期、家庭形成期、家庭成长期、子女大学教育期以及家庭成熟期和退休期等人生不同阶段对保险的选择也是大不相同的。

技巧三, 选择合适的险种搭配

在选择健康保险的时候, 重大疾病保险应该是每个家庭的首选。重大疾病保险的给付都是一次性的。比如用户投保了保额 10 万元的重大疾病保险, 一旦发生了合同中的重大疾病, 保险公司就会给用户 10 万元保险金。其次要考虑的是, 应该拿出多少钱来投保。一般的原则是, 每年的医疗保险费是年收入的7%—12%，如果没有社会医疗保障的话，这个比例可以适当地提高一些。比较理想的险种搭配是：有社会医疗保障就选择重大疾病保险＋住院补贴保险；没有社会医疗保障就选择重大疾病保险＋住院费用保险。

技巧四，尽量选择年交而不是趸交

年交是按照10年期、20年期等每年缴纳一定保险费，趸交是指一次性交费。理财师建议，投保重疾保险等健康险时，尽量选择交费期长的交费方式。一是因为交费期长，虽然所付总额可能略多些，但每次交费较少，不会给家庭带来太大的负担，加之利息等因素，实际成本不一定高于一次缴清的付费方式。二是因为不少保险公司规定，若重大疾病保险金的给付发生在交费期内，从给付之日起，免交以后各期保险费，保险合同继续有效。这就是说，如果被保险人交费第二年身染重疾，选择10年缴，实际保费只付了五分之一；若是20年缴，就只支付了十分之一的保费。

技巧五，灵活使用保单借款功能

有些保户因临时用钱，而不得不退掉保险，从而损失掉相当高的手续费。其实，目前很多保险产品都附加有保单借款功能，即以保单质押，根据保单当时的现金价值70%—80%的比例向保险公司进行贷款。这样既能解决燃眉之急，又避免退保时所带来的损失。

第二章 理财小绝招，日常生活省钱的窍门

日常生活的省钱小绝招

柴米油盐虽然不贵，但一时疏忽，却可以让一笔不小的数目流失，如果细心考虑，养成勤俭的习惯并不难。我仔细计划日常消费的开支，也让小日子过得不错。

（一）建立理财档案

建立一个小账本，将每天的消费支出都记下来，每月进行比较总结，看看哪些钱该花，哪些钱不该花，在下个月的消费中就会注意，从而节省开支。

（二）批量购物

定期去超市批量购物，既可获得折扣优惠和享受免费送货上门的服务，同时，也节省了多次往返的车费及时间。像肥皂、洗衣粉等日用品，都可以是整件或整箱地购买，这类日用品每天都需要，保质期长，可以节省零买的差价。

（三）合理节约杂费

常见的杂费包括水费、电费、电话费等。节约杂费的诀窍在于"用一些巧思"。比如冰箱中食物不要放得太满，可减少电量的损耗。目前，煤气涨价，做饭菜可以多用电，尽量利用微波炉或电磁炉。

（四）适当的"计较"

除了日用品在超市购买以外，生鲜的食物都可以在市场购买，而买的时候还价是不可少的，一般菜贩都会让出几角钱。买好之后，还应当在公平秤上重新称一下，避免缺斤短两，虽然有些麻烦，但很多商贩因为理亏会及时补齐。

（五）提前计划大件支出

家里需要添置大件物品时，及早制订计划，多观察比较不同商场的价格。同时，每月以此为目标，制订一个小笔资金节约计划，一段时间之后，商家搞活动时将已看好的物品买下。这些物品即使外形有一些过时，也不会影响使用。

超市购物省钱窍门

为了照顾家人的日常生活所需，家庭主妇常常出入超市，但是，如何在琳琅满目的商品中选择物美价廉，又不伤荷包的必需品，就一定要精打细算。

周末购物：有特别的惊喜——逛超市，尽量将购物的时间安排在周末。周末虽然人较多，但商家也因此会推出许多酬宾活动，像是特价组合或是买二送一等的优惠。

打折商品：优惠实惠多——商品打折，有的是快到保存期限了，但也有一部分是单纯的促销。像是饼干、糖果等零食，如果是家人都喜爱的，在看清楚了保存期限后，既然是特惠酬宾，就可趁这机会多买几包，还是蛮划算的哟。

新产品上市：广告过于夸张，小心谨慎——如果不是知名的品牌商品，就不要因广告所打的宣传效果而迷失了自己的判断，因为，大部分广告都只是为了吸引消费者，实质上并没有如宣传上的那般神奇。对知名品牌的新产品，试试也无妨；但对不知名品牌的新产品，最好还是得到大众的认可后再作考虑。

购物抽奖应以平常心看待，超市常常举办一些买多少就可以抽奖的促销活动。商家刺激的是购物热情，买家在诱惑之下应保持平常心。买该买的东西，抽个奖、拿个小赠品，当然皆大欢喜，但千万不要为了抽奖而盲目购物，否则，最后奖没有抽到，不需要的商品却购买了一大堆，就得不偿失了。

核对发票，以防意外支出——核对发票是为了避免收银员将所购物品的数量或价格打错而造成的疏忽。当场核对，发现问题就可以当场解决，省得回家后，再跑一趟，更何况离开柜台也说不清了。

因此，学点省钱的方法绝对没有错。

（一）商场推出的特价购物时段，打折销售某些商品，非常划算。注意超市和报刊的有关广告。

（二）按你想做的菜谱写下购物项目，可帮助你无一遗漏地购买实际需要的烹饪原料，避免盲目购买而带来的浪费。

（三）关注一下超市入口，商家喜欢把便宜货摆在那里。

（四）随身带个计算器，将购物筐内的物品一一累计。随着钱数的上升，也许可以促使你剔除那些并不急需或可买可不买的东西。

（五）实用的日用品和食品不是值得珍藏的书籍，千万不要被那些花花绿绿的包装所迷惑。因为，精装比简装的东西要贵许多。

（六）购物时，注意力应放在你想购买的东西上，而不是和它捆绑销售或附赠的什么物品上。

（七）食品方面，方便的半成品，如已洗干净、切好的鱼、肉、排骨和蔬菜，甚至是已加拌调料的肉丝、肉片等反而节约开销。

（八）经常把眼光投向超市货架的底层部分。比较贵的商品，商家喜欢摆放在与人们眼睛平行的位置。

（九）购买便宜货时，首先要考虑自己的需要，虽便宜但并不需要的东西，买后积压在家，最不划算。

（十）别在饥肠辘辘之时进超市购物，那会使你多买17%的东西。

如今，谈节俭似乎是一种"不上台面"的事情，似乎说一个人如何会省钱，就等同于说他是吝啬鬼、是葛朗台、是吸血鬼，说一个人为了省钱不穿名牌、不上饭店，就意味着说他是钱的奴隶，是毫无生活情趣的人。

其实，节俭并不是应该花钱时而不花，而是通过合理安排开支，省去不必要的花费，才能让该花钱的地方有更多的资金可以投入，节俭是个人理财中最重要的元素之一，

购房还贷巧也能省钱

不同的还款方式会产生利差，因此，选择房贷的还款方式、期限有技巧。

还贷差额在于利息

20 万元 20 年差 2 万元

李先生贷款总额 20 万元、期限 20 年，按照目前5.51% 的利率，采用本息法还贷，总计本息 330457.18 元；而采用本金法还贷，本息共 312280.72 元，两者相差18176.46 元，将近 2 万元。

据招商银行的有关人士指出，相差部分其实就是不同方法所产生的息差。如果前期还的本金多，应还本息会不断缩减，整体利息支出会少一些。

如果采用等额本金法，李先生第一个月的应还本息金为1751.66元（其中本金833.33元，利息918.33元）；而采用等额本息，每月只需归还1376.90元。但从贷款后的第95个月开始，等额本金应还本息减少到1354.74元，开始低于等额本息。因此，如果借款人手头较为宽裕，又不嫌每月不同的还款额麻烦，本金法较为适合。

但是，如果采用等额还款法，前面支付的利息多，提前还贷不划算。以前两年为例，应付本息为33045.72元，其中本金总和为11606.91元，利息为21438.81元，大部分资金偿还的只是利息，而本金仅占35.12%。

据介绍，由于等额本息比较容易理解，银行方面一般会推荐这种还款方式，但老百姓在办房贷时，不妨多咨询银行有否其他还款方式可供选择。

贷款期限越长，利息支付越多

同样是20万元的贷款，采用等额本息还款方式，30年期的还款总额为40.92万元，利息支付20.92万元，但25年的只需要支出利息16.88万元，20年的为13.04万元，15年的则为9.43万元，不及30年期的一半，10年期的贷款利息支出仅有6.06万元。

但是，并不是说期限越短越好，期限越短，月供压力越大。10年期的月供为2171.52元，15年、20年、25年和30年则分别为1635.23元、1376.90元、1229.37元和1136.83元。期限越长，利息支付越多，但月供下降幅度并不大，因此一般的购房者可考虑选择 15 年到 20 年期的。

作为普通的购房者，必须考虑影响月供的因素，月供最好控制在收入的 40% 左右。据分析，如果刚结婚或准备结婚的两个人月收入总和在 5000 元左右，月供支出最好控制在 2000 元以内；而对于有小孩的家庭来说，支出方面除较高的生活费外，还需要准备小孩的学费支付。而且，待有积蓄之后，还可以考虑缩短还款期限甚至是提前还款。采用等额本金法的（20 万元贷 20 年），在第 15 年提前还 5 万元，可节省利息支出 7105.66 元。

可选择一次性付款

对于买房者来说，如果购买者选择一次性付款方式，则开发商还将给予每平方米 30 ~ 100 元不等的优惠。

以购 1 年期的期房 100 平方米为例，假定期房价格为每平方米 3000 元，总房价约为 30 万元。若一次性付款，开发商给予优惠每平方米 60 元，则可节省 6000 元；而如果采取分期付款，签合同时得先期付 30%，以后再分几次全部付清，即使不计后几次付款的具体时间数额，按剩余的 70% 购房款全部存入银行 1 年期储蓄也只能得到存款利息：21 万元 ×2.25% ×80% = 4200 元，综合比较后，两者之间的利差高达 2000 多元，若每平方米的优惠再高些则利差更为可观。故此不难看出，一次性付款确实比较划算，其"获利"空间是较大的。

首付多一成能省 4 万多元

业内人士介绍，对于 20 万元 20 年期的房贷，当首付为 20% 时，利率为 6.12% 的要比利率为 5.51% 多支出利息 1.927 万元；首付为 30% 时，利息可减少 4.13 万元。所以，购房者不妨考虑提高首付比例，降低成本。

而且如果首付提高，对于购房者也可减轻月供负担：如利率为 5.51% 时，首付 30% 比首付 20% 减少购房支出 4.1307 万元，每月还款额减少 172.11 元；利率为 6.12% 时，首付 30% 比首付 20% 减少购房支出 4.371592 万元，每月还款额减少 182.15 元。即首付提高既可以减少总购房成本的支出，又能相对降低利率的变动风险。

节俭的省钱策略

如果你能将"新节俭主义"的省钱策略推而广之，说不定你还可以找到更多的省钱招数呢！

（一）打时间差

打时间差是省钱的基本招数。最小领域如"分时电表"，把集中用电时间稍微推后一点至晚上 10 点以后，错开日常的用电高峰，即可以享受半价的优惠；最典型的领域是出游，"黄金周"出游由于和全国人民挤在了一起，耗时耗力还要支付更贵的门票，常常让人苦不堪言，而改变的方式也很简单，利用带薪休假，将假期推迟一个到两个礼拜，看到的风景当然就不一样喽！而买折扣机票选择早晚时段乘客较少也相对优惠，至于到歌厅去享受几小时的折扣欢唱，到高档餐厅喝下午茶，换季买衣服，则切切实实地是牺牲睡觉时间节省金钱了。

在时间上做文章的还有，选择基金后端收费模式。基金公司推出优惠的目的是防止基金过早赎回，而从投资的角度，你也没必要急着在一年内就把基金赎回来，选择一个基金是对它的运作有信心，只要估计自己的信心可以保持一年，你就可以选择后端收费享受优惠费率了。

（二）打"批发牌"

个人的力量是有限的，而集体的力量是无限的。团购就是打"批发牌"的最佳体现。一个人砍价没有多少竞争力，但几个人几十个人联合起来砍价就是另外一回事了，这也是大多团购能避开商家直接和厂家谈判的重要原因。小的如家电器材，大的如汽车，都可以在团购中得到更多的价格优惠。其实，其他的一些消费，比如说家里装个阳台窗，你不妨也自主联合几个朋友一起谈判，拿个实惠价格呢！

组团旅游也是妙招之一。同学聚会出游，本来就是幸福无比的事情，凑足 15 个人出团，不只在机票上享受较低的折扣，还可以节省同学们至少 20% 的门票费用，这个"批发"牌就很有诱惑力了。

（三）牺牲部分生活舒适度

新节俭主义的前提是不降低生活质量。在这个前提下，适当牺牲一点舒适度，能够节省几张钞票，当然也是可行的事。比如说卡拉 OK，晚上黄金时段的消费是全价（价格不菲），而你只要牺牲一下早上睡懒觉的时间，呼朋唤友地在清晨赶到歌厅，价格便只有 3 折，酣畅淋漓之后，是不是觉得很值呢？

拼装电脑和品牌电脑的差价则完全是牺牲舒适度换来的。品牌电脑在高价格的同时，几乎提供"傻瓜服务"，电脑送到家就可以进行常规操作，尤其适合儿童或者初学电脑者使用，而且品牌保修可以让你少了许多担忧。拼装机的这一切就要自主进行了，某种程度上，这也是节省金钱的代价啦！

（四）时间、精力换来金钱

理财更多的是辛苦活，要节俭，当然也需要一定的时间、精力。收集广告就是劳神劳力的事情，这可能需要你号召家人来共同进行，超市的优惠卡、报纸上的折扣广告、《酷蹦》上的折扣券，还千万记得到网上下载打印肯德基、麦当劳的优惠券，所有这一切都需要专门的工具来收纳，不是有心人很难做到。

基金转换的省钱窍门也不少，你只需要在正常手续之外多一道周折。卖了房子租房住的人则承担了更大的时间、精力上的琐事，可以想象，要跑中介、跑银行、跑交易中心、跑下家客户，一趟下来早就让人叫苦不迭，许多人也有换房或者租房的想法，但畏惧这一番折腾，也就维持了现状，看来财富还是青睐勤劳的人，要不然上百万元的现金，怎么就到了他手上呢？

（五）利用先进科技工具

代表人物是网络一族。例如团购过程中，网络就起到了非常大的作用，它把有共同需求的网友集中起来去讨价还价，如果仅靠朋友之间的口头传播，显然没有这么大的号召力。而网上汇款则正好迎合了银行推广电子银行的业务促销，有时代特征又有实际优惠。其实，看一下建行的"速汇通"优惠措施也可以明白，电话银行划转汇款费用八折、网上银行划转费用六折，科技含量越高越合算。

网上投保的方式简单易行，一些条款简单的险种，如意外险、旅行险、家庭财产险等都适合网上投保，省去跑保险公司的"腿脚费"还可以打折买保险，当然合算。在基金销售中，网上购买比起传统的银行、证券公司代销渠道，也有0.5个百分点左右的费率优惠，而且赎回的时候到账时间更短。科技缩短了金融机构和客户之间的距离，也节省了他们在营销方面的成本，而节省下的这部分，就变相返还给投资者啦！

家庭旅游如何省钱

（一）制订旅游计划

计划要根据家庭成员的假期情况制订。首先要确定时间，之后再确定地方。选择出游目标要突出重点，再以重点目标为中心沿途选择其他次级目标。随后，大概算出出游所需费用。费用主要包括交通费、景点门票费、食宿费、购物费等。预算要略有余地，以备急需。制订出游计划，应统筹兼顾，每次出游都要将就近的主要景点涵盖，以便与以后出游的目标不再重叠，这样能够避免某一景点没有观光到还要单独一游或成为遗憾。比如把游黄山作为主要目标，可以顺路看看南京、杭州、上海、苏州等景点和城市。如果去北京，故宫、天安门、长城、颐和园、十三陵等要在游览之列。一次出游前可制定几个方案从中选择，这样既可减少浪费，又能增强观光效果。

（二）选择交通工具

不同的交通工具各有优势和不足：飞机速度快，省时，但费用高，工薪族不能以其为主要交通工具；火车、轮船比较经济，但速度慢，浪费时间，增加疲劳，降低兴致，但费用少，一般家庭能够承担得起。如果条件好，可优先选择飞机，增强观光效率。如果是经济型旅游，可以铁路、水路交通为主。选择了交通工具后，还要根据旅游目标科学选择路线，以减少重复和绕远，并合理搞好交通工具的搭配。如果主要目的地较远，可以选择飞机直达，之后再选择铁路、轮船、汽车等短途交通工具，归途时以铁路、水路交通为主，费用也不会太高。如果选择铁路到达主要目的地，白天且旅途不远可购买特别快车或旅游快车的硬座票，如果夜间或旅途较远，就要选择硬卧或软卧，以便在途中能够得到休息。在旅途中，选择夜间赶路、白天观光可以争取时间，节约费用。夜间赶路坐轮船或乘火车卧铺可省下住宿费，也不耽误白天观光。另外，到哪儿都要买张当地最新版的旅游图，其作用也不可小觑。

（三）以步代"车"

旅游重在身临其境，身体力行地体味、感悟自然和人文景观中的境界和内涵。随着旅游区现代化建设和城市交通的发展，一些人的旅游已变成一种"坐游"。出门要"打的"、坐公交，登山要坐缆车，这种做法不仅多花钱，而且容易走马观花，失去旅游的真正意义。以步代车，既可以最直接地观光，而且还会节省一大笔交通费用。

（四）到景区外食宿

一般来说，在旅游区内食宿要多花费，因此，要尽量到景区外食宿。比如在到达确定的旅游景点前，可选择离景点几千米的小镇或郊区住下，然后选择当地有特色的小吃用餐。游览完后，也要再选择远离景区的地方住宿。在旅游中，早餐一定要吃饱吃好，午餐如果在景区内，最好有准备地自己带些面包、火腿、纯净水等方便食品，既省时又省钱。如登黄山，山上一碗面条就要二三十元，而自己带方便食品几元钱就可以了。晚餐可丰富一些，以使身体能够得到足够营养补充。在景区外食宿一般可以节省40%的费用。

（五）参团旅游者

窍门一：线路上趋冷避热

可以在选择出游地点时去一些较冷门的线路，这些线路的相关景区往往会向旅行社推出一些优惠政策，因而其门票及附属宾馆的住宿和餐饮等价格也都会相对便宜些。由于游人的数量少，因此，景区的旅游服务质量也比较有保证，同时还避免了在热门目的地"只见人难见景"的郁闷。

窍门二：选择团购

参团居住酒店一般要比自己订便宜很多，景点团体票也有打折优惠。如果联合一些朋友集体参团，还可以向旅行社压价。

窍门三：半自助最实惠

可以联合几个朋友家庭，或者一个单位的同事组成一个十余人的小团队，通过旅行社订房、订票，再根据自身需求制定行程，这样价格虽然比完全参团略高，但远低于全自助出游。

（六）自助旅游者

窍门一：集体自助 AA 制

可以约上几个平日要好的朋友或同事，或者是通过网站发帖来邀请志同道合的驴友们去同一目的地集体出游，不但可以一起包车，还可以团购景区的门票，一起在餐馆就餐。旅游结束后分摊费用，又热闹又经济。

窍门二：在民俗村住宿

住宿可是外出旅游的费用中花销比较大的一项了，因此，选择合适的住宿地点，将会大大降低出游的成本。目前，京郊很多景点周围都推出民俗村，因此，选择在民俗村中住宿就是个省钱的好办法。在民俗村的住宿费用一般每人每天在 10 元至 30 元之间，即使是标准间也只不过 50 元至 100 元，而景区内的住宿费用至少比民俗村高出一倍。

特别提醒：一定要选择有旅游局发放"民俗户"标牌的农家入住，这样的农户经过当地旅游机关的审核，入住过程中出现问题也方便向当地旅游局投诉。

适用女性的省钱方法

看看商场琳琅满目的化妆品和服饰，那是商家们瞄准了女性们的钱包。怎样经得起物质的诱惑，既不委屈自己，又能"年年有余"呢？经过无数次失控购物和反省然后学习，总结出一些经验（这些可都是看着白花花的银子流出口袋才体会到的）。

（一）衣服宜精不宜多

MM们早上出门前通常精心挑选、搭配当日的衣服。看着衣柜里挂满了各式各样，五颜六色的服装，可总觉得没有几件合适的，这就是平时买衣服贪多的结果。

注意少买便宜好看，但质地不好的衣服，因为质地不好的衣服穿几次后很容易变形，当然，每个MM都不喜欢穿变形的衣服啦，而质地好做工精细的衣服，虽然贵些，但很耐穿。所以，衣服可以少买几件，一定要挑质量好和做工细的，这样更划算。

（二）不买不需用的东西

去商场逛的时候，看到喜欢的东西就往购物车里丢，比如说婴儿用的小碗，喝白酒的雕花小杯和喝红酒用的高脚杯之类的东西，因为一时觉得好看，就买了回来。还有装水果用的工具就有很多，什么篮篮筐筐，塑胶的，金属的，木质的，看了喜欢就忍不住带回家。这样不但花钱，而且这些不适用的东西还很占地方，因此，建议MM们购物时，先想一想这件商品适不适用。

（三）妥善面对打折

打折的诱惑对MM们是很有吸引力的，MM们往往经不住诱惑，遇上商场打折就拎回一大堆衣服食品，要妥善面对才能省钱。比如说服装，不要因为价格便宜，就买下不十分满意的衣服，这种情况下采购的衣服往往也很容易打入冷宫。对于特价的食品，也要注意保质期，避免保质期内吃不完造成浪费。

（四）初期记账，计划好支出

如果每天都记账，未免太烦琐，但消费记账确实是迫使你省钱的好方法。好多人都有这种经验：一张百元大钞，一打散一会儿就用完了，自己都不知道买了些什么东西。如果你把这些消费记下来，过后浏览，会觉得其中有一部分是没有必要的花费，下次遇上相似的情况就能省一省啦。这样久了，自然会养成不乱花钱的习惯，到那时自然可以不记账了。

总之呢，该花的就要花，能省的就要省。省钱不是小气，而是要在保证生活质量的前提下，为自己今后的生活多备一份保障。

第三章 生财有门道，别做一夜暴富的梦

别做一夜致富的梦

财商低的人爱做富翁梦，他们常常梦想有朝一日上帝会赐福于他们，天上掉下个金块，让他们一夜致富。财商高的人认为，财富的增长与生命的成长一样，均是点点滴滴、日日月月、岁岁年年在复利的作用下形成的，不可能一步登天而快速地成长，这是个自然的定律，上天从不改其自然的法则。

投资理财是个人的长期项目，由理财所创造的财富会超出你的想象，但所需的时间会更长久，对于要在一夜之间成为百万元、千万元甚至亿万元富翁的人，财商高的人给你的忠告是投资理财不适合你。因为，投资理财是件"慢工出细活，欲速则不达"的事。强调的是时间，如果对时间没有正确的认识，自然会产生强烈的急躁情绪，急躁就会冒很大的危险，原本是可以成功的，也会因急躁而失败。与此同时，只要耐得住性子，将资产投资在正确的投

资标的上，不需要操作和操心，复利自然会引领财富的增长。

有一位白手起家、靠投资股票理财致富的人曾说过："现在已经不同了，股票涨一下就能进账数百万元，赚钱突然间变得很容易了，挡都挡不住；回想30年前刚进股市的那段日子，我费了千辛万苦才赚2万多元，真不知道那时候的钱都跑到哪里去了。"

这种经历对许多曾历尽千辛万苦白手起家的人而言并不陌生。所谓万事开头难，初期奋斗，钱自然很难赚，等到成功之后，财源滚滚时，又不知道为什么赚钱变得那么容易了，这是一种奇怪的对比现象。

每个人都渴望有轻轻松松地赚第二个100万元、1000万元的能耐，财源滚滚，问题是要赚第二个100万元之前要先有第一个100万元。怎样才能赚到第一个100万元呢？这是个特别关键的问题。如果你想利用投资理财累积100万元的话，则需要时间，必须要经历长时间的煎熬，熬得过赚第一个100万元的艰难岁月，这样才能够享受赚第二个100万元的轻松愉快。

从复利的公式可以看出，要让复利发挥效果，时间是不可或缺的要素。长期的耐心等待是投资理财的先决条件。尤其理财要想致富，所需的耐心不是等待几个月或几年就可以的，而是至少要等20年、30年，甚至40年、50年。

对我们每个人来说，理财都是终生的事业。

1. 培养良好的心理承受能力

财商低的人总是好高骛远，看不起小钱，总希望能找出制胜的突破口，一鸣惊人，一口吃成一个大胖子，一出击就能有惊天动地的结果产生。但以历史的眼光看问题，绝大多数财商高的人，其巨大的财富都是由小钱经过长时间逐步累积起来的，初期大部分人所拥有的本钱都是很少的，甚至是微不足道的。一个人想成功致富，就必须首先从心理上摒弃那种"一夜发财致富"的幼稚想法，这才是投资理财的正常、健康的心理状态，只有具备了健康的心理，才可能成功。

根据观察，一般的投资者最容易犯的毛病是半途而废。遇上空头时期极易心灰意冷，甚至干脆卖掉股票、房地产，从此远离股市、房地产市场，殊不知缺乏耐心与毅力是很难有所成就的。

2. 克服理财盲从的心态

个人理财应有自己的主见，应根据自己对投资领域的分析与把握确定自己的目标。因此，由他人来确定投资预期和目标是不科学的，跟在别人后面制定自己的奋斗目标，并由别人的处事方式决定自己的行动，更是不可取。

但是，在实际的投资理财过程中，现实的状况总与数据分析的结果有较大的出入。因此，投资者在进行投资过程中，不可过于轻信数据分析的结果，应将实际情况和历史做一番综合分析，从中得出正确的结论。

3. 克服完美主义的心态

在理财生涯中，试图做一个完美主义者是缺乏成效的，唯有通过学习才能让自己清楚地理解、识别并克服完美主义的倾向，从而更成功地积累财富、保存财富。

当前，理财者受国内外的环境影响，在未来的岁月里，经济和市场就像永不停息的车轮，但无论怎样转动和变化，只要人们拥有成熟的心态、良好的耐心，面对瞬息变化的环境，正确决策、合理安排，每个人就都能成为理财高手。

善用别人的钱赚钱

财商低的人贫穷的主要原因，就是只知道花自己的钱，他们将挣的钱存在银行，要用钱的时候就小心翼翼地到银行取钱，他们很少想到用别人的钱来消费或做生意。而财商高的人则认为善用别人的钱赚钱，是获得巨额财富的好方法。富兰克林、尼克松、希尔顿都用这个方法。如果你已经很省钱，同样的方法依然适用。

威廉·尼克松说："百万富翁几乎是负债累累。"

富兰克林在 1748 年《给年轻企业家的遗言》中说："钱是多产的，自然生生不息。钱生钱，利滚利。"

所谓"用别人的钱"是正当、诚实的，绝不违背道德良知。同时，要做优惠的回馈。

诚信是无可替代的，缺乏诚信的人即使花言巧语，也会被人识破。使用别人的钱，首重诚信。诚信是所有事业成功的基础。

银行是你的朋友。银行的主要业务是放款，把钱借给诚信的人，赚取利息；借出越多，获利越大。银行是专家，更重要的是，它是你的朋友，它想要帮助你，它比任何人更急于见到你成功。

加州的威尔·杰克是百万富翁。起初他身无分文，直到外出工作，才有了一些积蓄。每个周末威尔会定期到银行存款，其中一位柜员注意到他，觉得这个人天生聪慧，了解金钱的价值。

威尔决定创业，从事棉花买卖，那位银行工作人员向他放款。这是威尔第一次使用别人的钱。一年半之后，他改为买卖马和骡子，过了几年，累积了许多的经验。

有一次，两个保险公司的业务员来找他。两个人都是优秀的保险业务员，业绩非常好，他们用推销保险的收入，自己开公司，却经营不善，只好把公司转卖给别人。

很多销售人员以为只要业绩好，企业就能获得利润，这是错误的观念。不当的管理会将利润耗尽。他们的问题正是如此，两个人都不懂管理。

他们专找威尔，说出自己失败的教训。"我们的公司没有了，推销保险至今所赚取的佣金，都交了学费。如今连养家糊口都有困难。"

"我们对于推销工作非常在行，应该尽量发挥。你具有专业的知识和经验，我们需要你，大家共同合作，一定会成功。"

几年之后，威尔买下他和那两位推销员共同创立的公司全部股份，他怎么会有钱？当然是向银行借钱。因为从小他就知道银行是他的朋友。

威尔向加州银行贷款。银行非常乐于把钱贷给像威尔一样有诚信，并且有执行力的人。威尔的贷款额度不受限制，他的寿险公司，原来的资本只有 40 万美元。通过基本客户群制度，在短短 10 年之内，获得 4000 万美元。其后，他更运用别人的钱投资旅馆、办公大楼、制造厂和其他企业。

资金困难时，借钱是明智之举。但是，借钱的同时必须考虑到自己的实力、信用，提出切合实际的要求，才不会被拒绝，这是真正的借钱生财术。

看着别人赚钱容易，而自己一动手却会失败，这是许多不敢创业者的心理状态。但要成功地创业就一定要克服这种畏惧心理，找到一条风险小又容易成功的道路。

显然，用"利用别人的钱"的方法比用现金的方法所赚的钱要多得多。"利用别人的钱"的缺点——这是难免的——是你要担更大的风险。如果你刚把地买下来，附近房地产的价值就跌下来，这种办法就会把你弄得一身是债，骑虎难下。这时，你不是忍痛赔钱把它卖掉，就是背着债，一直等到市场好转，而采取现金式的办法，就不会有这种麻烦。

越早投资就能越早致富

很多人相信努力工作可致富，这并不是一种错误的想法。如果努力工作，而所得又足够多的话，确实可以致富。但现实并非如此，很多人工作之后才发现，工资永远是那么少，除了基本生活开支，剩下的收入不值一提。不用说那些诸如汽车、房子等奢侈消费品无法购置，就是那些稍贵一些的东西，在购买时也让人舍不得掏腰包。所以，罗伯特·清崎在《穷爸爸，富爸爸》里说：穷人是为钱工作，而富人则让钱为他工作。这意味着，只有投资，你才能富有。

每一个人都是自己的投资家，你的投资将决定你的一生。

格林先生前一阵子还在为失业而犯愁，可现在，他手头已经有100万美元了。前几天，他买了两张彩票，没想到幸运之神降临到他的头上，他买的彩票中有一张中了头等奖。整整100万美元，这对格林先生来说是个天文数字，这些钱他几乎一辈子也挣不来。"去他的工作吧，"格林先生想，"我应该好好享受一下，这么多钱怎么也花不完。"马上，格林先生开始筹划如何花他的100万美元，他现在可以拥有那些做梦才会想要的东西。他首先买了一栋豪华的别墅，然后又为他妻子和他自己各买了一辆进口的高级轿车，还买了一大堆以前想得到的东西。100万美元已经用了一半了，该买的似乎也都买了，格林先生和他的妻子开始待在家里享受生活。

两年后，格林先生又开始工作了，他的钱被他花光了，现在他又身无分文。可是，麻烦的是他改不了大手大脚花钱的习惯，不久他便负债累累，银行警告他如果再不还债，就要将他用于抵押的房子拍卖来还债务了。

一项调查显示，有将近九成的受访学生表示"不清楚"信用卡的循环利息，3/4 的学生算不出银行贷款利息金额。在超前消费逐渐成为潮流的今天，有人认为，理财知识的普及亟待提上日程。

其实，何止是大学生，挣多少就花多少的"月光族"，不敢消费害怕生病的"房奴族"，不愿工作整天闲晃的"啃老族"，等等，都不同程度地存在"财商"方面的缺陷。能不能算出银行贷款利息金额，只是一个纯粹的技术问题，与"财商"的关系不大。财商，指的是一个人正确认识和使用金钱的能力。人是金钱的主人而不是奴隶，不是为钱而工作，而是让钱为你工作，这，就是财商的价值观。

财商不足，与一个人所受的教育不无关系。在国外，理财教育一般都是从娃娃抓起的，比如在美国，在小学有着明确的理财教育目标，比如说 7 岁要能看懂价格标签，8 岁要知道存钱，9 岁能制订开销计划等。相比之下，我们的孩子则过多沉浸在书堆和玩具里，衣来伸手饭来张口，以至上了大学、有了工作，在理财方面依然一塌糊涂。

《穷爸爸，富爸爸》的作者罗伯特·清崎曾说，致富要有财商，有了财商一个人才会大气，视野才会宽阔，出手才会慷慨，在追求财富的过程中才会站得高、看得远。

拥有致富欲望的人，他的终极目标不是成为一个雇员，通过努力工作来实现生存与发展，而是创建自己的事业，从自己的事业中获得主存与发展。他们在学习或为别人工作中，都始终在为自己投资，这些投资不是简单意义上的投资，它还包括对自己的财商教育。如果你现在还没有为自己投资过，不管你是在学习还是在为别人工作，从今天开始，拿出一部分时间、精力和金钱开始为自己投资吧。每天投资一点，你会真正感觉到为自己活着。为自己活着，才能活得更加轻松、更加潇洒，才能真正感觉到生存的意义。

现实生活中，每个人都有自己的安全区。如果你想跨越自己目前的成就，就请不要画地为牢，要勇于充实自我，要接受挑战去冒险，你一定会发展得比想象中更好。

犯错误不可怕，可怕的是对犯错误的恐惧。

所谓的稳定收入是很多人行动的障碍，犹如人生的鸡肋，说到底还是缺乏自信。对绝大多数人来说，靠薪水永远只能满足生活的基本要求。所以最终要创造自己的幸福，还得靠你自己。

"只要安稳地过一辈子就行了，不必赚太多的钱。"假如你的头脑被这种念头占据，你一辈子也赚不了大钱。只有不满足现状，奋发向上，才是赚钱发财的前提。不愿意过单调无意义的生活，想过更充实的生活，这种念头才是引导你奋发向上的最佳动机。这并不是鼓励你欲壑难填或贪得无厌，而是鼓励你为社会创造更多的价值，充分发挥自己的能力。

汽车大王福特曾说过："一个人若自以为有许多成就而止步不前，那么他的失败就在眼前。"

许多人一提致富，就想一夜暴富。固然，一夜暴富的可能性不是没有，如中六合彩之类，但毕竟有此运气的人不多，绝大多数人还得依靠勤奋努力逐渐积累财富。调查显示，美国41万个百万富翁中，78%的人年龄超过50岁，他们的财富都是通过连续二三十年每周7天做相对枯燥的工作而获得的。

这个统计数字告诉我们，每当一个"英雄"创办了一个航空公司、一个计算机公司，或者一个巧克力饼干公司，同时就有成千上万个"成功者"在没有被新闻机构注意到的岗位默默无闻干着同样出色的工作。

既然一夜暴富是不现实的，我们唯有早行动才能早致富。美国人查理斯调查了美国170位百万富翁，发现他们的共同特点是很早就强迫自己将收入的1/4左右用于投资。

越早开始投资，就能越早达到致富的目标，从而使自己与家人能越早享受致富的成果。而且越早开始投资，利上滚利时间越长，时间充裕，所需投入的金额就越少，赚钱就越轻松且愉快！

储蓄也存在风险

财商低的人总是认为钱放在银行是最安全的，没有任何风险；财商高的人认为这种认识是不正确的，储蓄虽然是较为安全的一种，但在储蓄的过程中的确存在着操作上和通货膨胀的风险。由于储蓄风险的存在，常使储蓄利率下降，甚至本金贬值。

一般说来，风险是指在一定条件下和一定时期内可能发生的各种结果的变动程度。风险的大小随时间延续而变化，是"一定时期内"的风险，而时间越长，不确定性越大，发生风险的可能性就越大。所以，存款的期限越长，所要求的利率也就越高。这是对风险的回报和补偿。

存款有以下几类风险。

一、通货膨胀的风险

鉴于通货膨胀对家庭理财影响很大，我们有必要对通货膨胀有更多的了解。通货膨胀主要有两种类型，一种是成本推进型，另一种是需求拉动型。如果工资普遍大幅度提高，或者原材料价格涨价，就会发生成本推进型通货膨胀；如果社会投资需求和消费需求过旺，就会发生需求拉动型通货膨胀。

通货膨胀产生的原因主要包括：

1. 隐性通货膨胀转变为显性通货膨胀

许多国家为了保持国内物价的稳定，忽视了商品比价正常变动的规律，实行对某些企业和消费对象财政补贴的政策。正是这种补贴，使原有价格得以维持，否则在正常情况下，这些商品的价格早已上涨了。一旦取消补贴，或把补贴转化为企业收入和职工收入，物价势必上涨，隐性通货膨胀就转化为显性通货膨胀。

2. 结构性通货膨胀

由于政策、资源、分配结构和市场等原因，一个时期内，某类产业某些部门片面发展，而另外的产业和部门比较落后，供给短缺，经过一段时间，只要条件改变，落后部门的产品价格势必上涨，由此带来整个物价水平的上升。

3. 垄断性通货膨胀

一国的经济中，如果存在某些部门、地区的社会性力量比较强大，对别的部门、地区居压倒性优势，则易于形成垄断性价格，并使价格居高不下乃至上升，构成垄断性通货膨胀。

4. 财政性货币发行造成通货膨胀

一般情况下，经济发展，需要每年增加一定的货币投放量，以满足流通和收入增长的需要。但是如果增发的货币不是由于经济增长和发展的需要，而是由于国家存在庞大的财政赤字，增发货币用来弥补赤字，则被称作财政性的货币发行，必然带来通货膨胀。

5. 工资物价轮番上涨型通货膨胀

物价上涨使工资收入者的实际工资降低，要求增加工资以弥补实际收入的减少，如果国家采取了增发工资的政策，将导致通货膨胀再攀高。

在存款期间，由于储蓄存款有息，会使居民的货币总额增加；但同时，由于通货膨胀的影响，单位货币贬值而使货币的购买力下降。在通货膨胀期间，购买力风险对于投资者相当重要。如果通货膨胀率超过了存款的利率，那么居民就会产生购买力的净损失，这时存款的实际利率为负数，存款就会发生资产的净损失。一般说来，预期报酬率会上升的资产，其购买力风险低于报酬率同等的资产。例如房地产、短期债券、普通股等资产受通货膨胀的影响比较小，而收益长期固定的存款等受到的影响较大。前者适合作为减少通货膨胀的避险工具。

通货膨胀是一种常见的经济现象，它的存在必然使理财者承担风险。因此，我们应当具有躲避风险的意识。

二、利率变动的风险

利率风险是指由于利率变动而使存款本息遭受损失的可能性。银行计算定期存款的利息，是按照存入日的定期存款利率计算的，因为利息不随利率调整而发生变化，所以应该不存在利率风险的问题。但如果有一笔款项，你在降息之后存的话，相比降息之前，就相当于损失了一笔利息，这种由于利率下降而可能使储户遭受的损失，我们也把它称为利率风险。这是因为丧失良好的存款机会而带来的损失，所以也称为机会成本损失。

三、变现的风险

变现风险是指在紧急需要资金的情况下，你的资金要变现而发生损失的可能性。在未来的某一时刻，发生突发事件急需用钱是谁都难以避免的。或者即使你预料到未来某一时刻需要花钱，但也可能会因为时间的提前而使你防不胜防。这时，你的资产就可能面临变现的风险，要么你就不予以提前支取，要么你就会被迫损失一部分利息。总之，将使你面临两难选择。例如，如果你有一笔1年期的定期存款，在存到9个月的时候急需提取，那么你提前支取的时候就只能按照银行挂牌当日活期存款的利率获取利息，你存了9个月的利息就泡汤了。

由此可见，风险是投资过程中必然产生的现象，趋利避险是人类的天性，也是投资者的心愿。投资者总是希望在最低甚至无风险的条件下获取最高收益，但实际上两者是不可兼得的。储户在选择储蓄的时候，只能在收益一定的情况下，尽可能地降低风险；或者是在风险一定的情况下使收益最大化。

四、银行违约的风险

违约风险是指银行无法按时支付存款的利息和偿还本金的风险。

银行违约风险中最常见的是流动性风险，它是导致银行倒闭的重要原因之一。银行资产结构不合理、资金积压过于严重或严重亏损等，就会发生流动性风险。一旦发生流动性风险，储户不能及时提取到期的存款，就会对银行发生信任危机，进而引起众多其他储户竞相挤提，最后导致银行的破产。

一般来说，国家为维持经济的稳定和社会的稳定，不会轻易让一家银行处于破产的境地，但是并非完全排除了银行破产的可能性。如果银行自身经营混乱，效益低下，呆坏账比例过高，银行也是可能破产的。一旦发生银行的倒闭事件，居民存款的本息都会受到威胁。1998 年 6 月 21 日，海南发展银行在海南的 141 个网点和其广州分行的网点全部关门，成为我国自新中国成立以来第一家破产的银行。

海发行的破产为中国的银行业敲响了警钟，同时也为广大储户上了生动的一课。虽然海发行最后由工商行接管并对其储户进行兑付，但储户所遭受的信用风险是实在的。

把明天的钱挪到今天用

财商低的人虽知道怎样挣钱，但往往不知道怎样花钱。而财商高的人既知道怎样赚钱，也知道怎样花钱。财商低的人用今天的钱，财商高的人用明天的钱。

有一则很富有哲理的小故事。一个中国老太太和一个美国老太太在死之前进行了一段对话。

中国老太太说："我攒了一辈子的钱终于买了一套好房子，但是现在我又马上要死了。"而美国老太太则说："我终于在死之前把我买房子的钱还清。但幸运的是我一辈子都住上了好房子。"

初看这组对话，它只是反映了东西方人的消费观念的不同。但再进一步深层挖掘，其中蕴含了一个深刻的哲理，即要善于把自己明天（未来）的钱挪到今天用。过平常生活要如此，经商致富更是如此。这也是现代创富理念的重要内涵。

就一般人而言，在致富之初都缺乏资金，但这并不意味着他今后没有钱。这主要取决于他对自己未来事业的信心和个人成功致富的基本素质与条件。只要他个人有信心致富，个人有良好的致富素质和条件，那么他未来就肯定能成为一个财商高的人。既然他未来是财商高的人，那么就可以把未来的钱挪到今天用。

财商高的人认为，就今天而言，未来的钱只是一个虚拟，你若想把它变成现实的钱用于今天，就必须先向别人借钱或向银行贷款。这样你就能实现"把明天的钱挪到今天用"。

改革开放40多年来，人们的观念发生了翻天覆地的变化，尤其是在财商理念的熏陶之下，在我国又掀起了一股理财的浪潮。

赵先生经商数年，虽然算不上家财万贯，也是薄有积蓄。刚刚在市郊购买了一栋百余平方米的高档住宅。房子有了，交通却成问题了。于是赵先生打算再买一辆车，公私两用。可谈到买车，赵先生却犹豫了。赵先生一直青睐本田雅阁，价格合理，售后服务也不错，现在也不用加价提车了。赵先生只是拿不准是一次性付款，还是应该贷款买车。于是他向两位好友——大刘和小魏咨询。

大刘说："赵哥，我劝你一次性付款。方便省事，一手交钱，一手提车，当天就可以搞定。既不用整天跑银行去办贷款手续，又不用付给银行利息。你又不是拿不出那十几万元钱？你说对不？"赵先生听完，连连点头称是。

可死党小魏一听大刘这话，一个劲儿地直晃脑袋："不对不对，绝对不对。赵哥，车只会越用越旧，价值在降低，这就是说买车不是投资，不会增值。应该贷款买车，把省下来的钱拿去投资股票啦、地产啦，只要投资得当，没准贷款没还完，车钱就能先赚回来了呢。"听了这话，赵先生认为也很有道理。

于是，赵先生就自己算了算，车价＋新车购置税＋牌照费用＋保险费用，共计：290323元。

如果首付30%，分3年按揭，首付128095元，每月还款本金5052元，利息439元，合计5491元。3年共计还款325771元。如果首付30%，分5年按揭，则首付144731元，月还本金3031元，利息449元，合计3480元。5年共计还款 353531 元（首付指：汽车价格×首付百分比＋车辆购置税＋保险费用＋牌照费用）。

现在我们看到，同样一辆新雅阁，贷款购车（3 年按揭）比一次性付款要累计多交 35448 元，而首付则可减少 162228 元。换句话说，赵先生如果选择贷款购车，要在 3 年内用这 162228 元，净赚到 35448 元以上，即年收益率在 7.28% 以上，才有利可图。当然，这么说是不算 3 年汽车折旧费的。如果你对于高风险投资自认很在行，不妨贷款购车，用省下来的钱去投资；如果你觉得这钱在手里的收益达不到这么高，那还是一次性付款更划算。

贷款买车是近几年新兴的一种购车方式。它是指购车人使用贷款人发放的汽车消费贷款购车，然后分期向贷款人偿还贷款。双方本着"部分自筹、有效担保、专款专用、按期偿还"的原则，依法签订借款合同。

在汽车消费大国——美国，80%～85% 的消费者都是通过汽车贷款来购车。在中国，据统计，有 68.3% 的人愿意选择分期付款的方式，31.7% 的人选择一次性付款方式。可见，贷款买车还是深入人心的，是一种大众十分乐于接受的购车方式。对于中国大部分普通家庭来说，贷款购车、分期还款的方式，降低了汽车消费门槛，圆了他们的汽车梦。对于汽车企业来说，贷款购车极大地刺激了百姓的汽车消费热情，使得中国的汽车销售有了一个井喷期。这其实是一种把明天的钱放在今天用的消费方式。

让死钱变活钱

财商低的人认为挣钱不容易，将钱当作财神一样供奉，生怕有一天钱会飞走。"存钱防老"，是他们的一贯思想。在财商高的人的观念里面，就是"有钱不要过丰年头"，与其把钱放在银行里面睡觉，靠利息来补贴生活费，养成一种依赖性而失去了冒险奋斗的精神，不如活用这些钱，将其拿出来投资更具利益的项目。

财商高的人认为，要想捕捉金钱、收获财富，使钱生钱，就得学会让死钱变活钱。千万不可把钱闲置起来，当作古董一样收藏，而要让死钱变活，就得学会用积蓄去投资，使钱像羊群一样，不断地繁殖和增多。

做生意总得要有本钱，但本钱总是有限的，连世界首富也只不过百亿美元左右。但一个企业，哪怕是一般企业，一年也可做几十亿美元的生意。如果是大企业，一年要做几百亿美元的生意。而企业本身的资本只不过几亿美元或几十亿美元。他们靠的是资金的不断滚动周转，把营业额做大。

普利策出生于匈牙利，17 岁时到美国谋生。开始时，在美国军队服役，退伍后开始探索创业路子。经过反复观察和考虑后，他决定从报业着手。

为了搞到资本，他靠自己打工积累的资金赚钱。为了从实践中摸索经验，他到圣路易斯的一家报社，向该社老板求一份记者工作。开始老板对他不屑一顾，拒绝了他的请求。但普利策反复自我介绍和请求，言谈中老板发觉他机敏聪慧，勉强答应留下他当记者，但有个条件，半薪试用一年后再定去留。

普利策为了实现自己的目标，忍耐老板的剥削，并全身心地投入工作之中。他勤于采访，认真学习和了解报社的各环节工作，晚间不断地学习写作及法律知识。他写的文章和报道不但生动、真实，而且法律性强，吸引广大读者。面对普利策创造的巨大利润，老板高兴地吸收他为正式工，第二年还提升他为编辑。普利策也开始有点积蓄。

通过几年的打工，普利策对报社的运营情况了如指掌。于是他用自己仅有的积蓄买下一间濒临歇业的报馆，开始创办自己的报纸——《圣路易斯邮报快讯报》。

普利策自办报纸后，资本严重不足，但他很快就渡过了难关。19世纪末，美国经济迅速发展，很多企业为了加强竞争，不惜投入巨资搞广告宣传。普利策盯着这个焦点，把自己的报纸办成以传递经济信息为主的媒体，做强广告部，承接多种多样的广告。就这样，他利用客户预交的广告费使自己有资金正常出版发行报纸。他的报纸发行量越多广告也越多，他的收入进入良性循环。即使在最初几年，他每年的利润也超过15万美元。没过几年，他成为美国报业的巨头。

普利策初时分文没有，靠打工挣得半薪，然后以节衣缩食省下极有限的钱，让其一刻不闲置地滚动起来，发挥更大作用，这是做无本生意而成功的典型。这就是财商高的人"不做存款"和"有钱不置半年闲"的体现，是成功经商的诀窍。

美国著名的通用汽车制造公司的高级专家赫特曾说过这样一句耐人寻味的话："在私人公司里，追求利润并不是主要目的，重要的是把手中的钱如何用活。"

商业是不断增值的过程，所以要让钱不停地滚动起来，财商高的人的经营原则是：没有的时候就借，等你有钱了就可以还了，不敢借钱是永远不会发财的。

下篇

懂投资

第一章　投资股债券，与庄家共舞持续赚钱

投资股票与庄家共舞

中国股市是一个庄家称霸的市场，庄股横行。

任何股票，几乎不问质地，不论背景，有庄则强，无庄则弱。股市有轮回，热点在转换，唯有庄家和庄股是长盛不衰的大热点。无数的投资者总是处心积虑地打探庄家的消息，寻觅庄股的踪影。

市场确实不能少了庄家。二级市场需要活跃，要不断地有热点和题材出现，推动股价上扬，创造财富效应。热点和题材的运作，股价由低位打出几倍甚至十几倍的涨幅只有庄家有能力为之。

我们注目庄家，是因为庄家能塑造牛股，培养黑马，为善于跟庄的人铺就发财致富的捷径。但庄家总是在跟我们捉迷藏，让我们难识庐山真面目。股市是一个充满竞争的市场，庄家与散户正好处于股市群体中的两极。想要靠认清庄家，与庄家买卖行为步调一致来获得利润很难。

但是，庄家也并非像众多中小投资者想象的那么神秘莫测，我们完全可以用常理去分析，认识庄家并找出他的弱点，说不定就可能战胜庄家，至少可以避免被庄家吞食的噩运。

在股市中，能成为庄家的，必定是资金庞大、信息灵通，以操纵股价为手段，以赚取差价收益为目的，可以在不同程度主宰个股、板块乃至大盘涨跌的投资理财团体。绝大部分的庄家是法人机构，若干具有超级实力的个人大户联手也可以形成庄家的气候。

在现有的市场条件下，庄家可以分为以下几种类型：

（一）自营券商

这是市场上最重要的主力庄家。

他们专门从事证券业务，股票的发行由其承销，证券监管部门、上市公司是他们的业务归口单位，又在全国各地建有大量的证券营业部，信息最为灵通，操作最为专业。

（二）专业投资公司

这种主力庄家在近几年来有实力逐步增强之势；个别大型投资集团已经具有不亚于自营券商的影响力。

目前，国内已有多个大型企业集团成立了专门的投资运营机构，像著名的红塔集团、德隆集团。国有大型企业集团的财务公司及租赁公司已获准投资证券市场，这里面将要诞生很多庄家。

（三）证券投资基金

证券投资基金在国外股市上早已是最大主力了。国内则起步较晚，基金的实力不可小视，一般都有 20 亿～30 亿元的资金，如果没有 10% 持仓限制的话，做庄绰绰有余。由于管理层不希望基金做庄操纵股价，在管理办法中对其运作设置了许多限制条件，使单个基金不可能成为我们所说的庄家。

（四）一般法人机构

国有企业、国有控股企业和上市公司（"三类"企业）获准可以投资股市，这些法人机构不乏资金雄厚者，投资额上亿元，甚至高达数十亿元，他们既已进入股市，就不会仅仅满足于赚取点投资收益，很可能加入到坐庄的行列。

值得一提的是，虽然证监会三令五申要禁止上市公司炒作自己的股票，但是，这种行为却有蔓延之势。注意部分现金充足、业绩不错和题材丰富的股票，很可能上市公司就是自己的庄家，尤其是处在小城市的上市公司，投资者在分析公司时也要对庄家行为作一番研究。

（五）个人大户联合

在中国股市中，这样的庄家比较多。

中国经济多年来的持续发展，诞生了一大批先富起来的人，有些人成了拥有上亿元甚至好几亿元的超级富翁。"一夜暴富"的经历使他们不屑于在某项传统性行业中守财，更想在资本市场上继续膨胀财富。其中不乏一些在庄家机构做过操盘手的专业高手，利用成功的庄股炒作实现了自己的原始积累。

大户联手，资金最多可达到数十亿元，这样就可以放心地坐庄了。

要做到"与庄共舞"，必须要学会从股票的走势中看出庄家的做手，然后才能随机而动。以下是几种识别庄家的方法：

（1）成交量突变必有庄家

股市里有一句流行的话：成交量无法骗人。的确是这样，股价一上升，必须有成交量的配合，庄家大量购入，散户再紧紧跟上，所以，成交量便立即飙升。这是股民朋友们需要掌握的一个基本原则，即一只股票长期横盘3个月或半年左右，成交量在某天突然放大，你必须及时杀进，因为庄家很可能开始行动了。

（2）冷门股突然启动必有庄家

市场经济的发展，采取多种融资渠道和融资方式是许多企业的必由之路，因此，上市公司越来越多已成为一种趋势。现有的上市公司数以千计，未来的上市公司定是浩如烟海，所有上市公司的股票如同市场中的商品一样，有的成为紧俏货，有的则是滞销货。在股市中，滞销货便是无人问津的冷门股。热门股有时像熟山芋一样，热得烫手，连一些大户都望而却步。于是，一些炒作手段高明的大户便把目光转向了冷门股，企图对冷门股进行炒作而赚取高额利润。

所以，长期无人问津的冷门股突然启动，一路上扬，必是庄家在建仓，此时是杀入的最好机会。

（3）高位横盘必有庄家

股票横盘有的在高位，有的在低位。

在低位横盘时，多数是庄家暂时放弃该股拉升而慢慢吸筹，或干脆没庄了。而在高位横盘时，多数是庄家有效控制住了股票，其目的大多是等待消息正式出台或随时准备拉高出货。

在外汇交易中获利

外汇交易是针对不同国家的货币汇率进行的一种金融交易行为，所以，当你对交易货币的汇率的未来走向把握正确的时候，你就可能获得潜在的利润。相反，当你的判断出现错误时，你就可能遭受潜在的损失。举例来说：根据你对市场上欧元与美元的汇率的观察，你认为当前美元相对欧元来说是被低估了，你估计美元会在未来时间走强。于是，你提前用欧元买入一定数量的美元。如果市场的走向与你的判断吻合，美元相对欧元升值，那么，你就卖出美元换回欧元，达到了获利。相反，如果美元相对欧元继续贬值，那么你就亏损了。我们称这种针对货币未来走向进行的交易为持有长期头寸。与之相对，针对外汇市场短期波动，进行的快进快出交易行为被称为持有短期头寸。在外汇市场中，为了达到最大获利，常常是两种交易行为交错进行。

想要获利，外汇交易中的基本面分析和技术分析也很重要。

在任何金融交易中，需要认识到的很重要的一点是：只要有市场投机行为存在，那么，风险和利润就是同时存在的。外汇交易也不例外。你可能在短时间内获得巨大收益，也同时可能遭受沉重损失。在这个市场中，并不存在一个明确的方法，能够正确预测货币的未来走向。然而，通过对市场进行一定的分析研究，是能够将作出错误判断的概率减小的。这种对市场进行的分析研究，分为基本面分析和技术分析。

基本面分析和技术分析是外汇交易中的两个基本方法。基本面分析关注的是整个世界，不同国家的金融、经济、政治等状况和这些状况对外汇市场走向的影响。技术分析则主要针对市场的交易价格，走势图和历史数据，得出对市场走向的判断。简而言之，基本面分析研究的是成因，而技术分析则研究的是结果。

在了解了很多外汇市场的最基本理论知识以后，业内专家还要给您讲述一些比较实用的炒汇技巧，让您通过最简单的法则来轻松驾驭外汇市场上的各种机会，跑赢外汇市场。

（一）买入法则：

在市场确认升势后，任何回落时段都是买入的时机。在市场未确认下跌之前，任何下跌时段都是买入的时机。

（二）卖出法则：

市场确认是跌势，任何上升时都应该卖出，趁反弹平仓。在市场未确认升势之前，任何上升都是卖出的时机，升势未确认，上升只是虚火假象，趁高抛出为上策。

（三）警告法则：

在市场没有确认上升时，任何下跌都不可以买入。因为，后市可能会跌得更惨。在市场确认下跌之后，不可以买入，千万不要执拗或自以为可以抄底。在大市未被确认是下跌趋势之前，任何上升日子都不可以卖出，直至大市确认下跌为止，或就由它上升，赚到尽头。当市场被确认是升势后，千万不可以卖出或者沽空。

此外，专家指出，投资者在炒汇过程中除应遵守以上三个法则之外，要想找到自己的风险、收益最佳结合点，还需要有自己的原则：首先，应该坚持以空仓持币为主，看准机会再出手，一旦局势不明就立刻退出，耐心地等待下一次机会。防范风险永远是最重要的，然后才是赢利。其次，应该坚持只要获利，任何价位出货都是正确的。账面利润是不算数的，钱只有到手才是真的。所以，请你记住，唯一可信的就是你能够成功脱手兑现的价格。另外，就是要坚持对技术图形所包含的各种条件信息有准确清醒的判断，随时清楚大盘和个股所处的技术位置，清楚地制定相应的对策，从而保证自己的操作总是处在有利的市场位置。

外汇买卖实操技巧

"建立头寸"就是开盘也叫敞口，即买进一种货币，同时卖出另一种货币的行为。开盘之后，买进的货币称为多头，卖出的货币称为空头。选择适当的汇率水平以及时机建立头寸是盈利的前提。如果入市时机较好，获利的机会就大；相反，如果入市的时机不当，就容易发生亏损。

（一）"止损斩仓"

"止损斩仓"是在建立头寸后，所持币种汇率下跌时（所持币种贬值时），为防止亏损过高而采取的出仓止损措施。例如，以110的汇率卖出美元，买进日元。后来当美元率上升到115，眼看名义上亏损已达5日元。为防止美元的继续上升（即日元的贬值）造成更大的损失，便在115的汇率水平买回美元，卖出日元，以亏损5日元结束了敞口。有时交易者不认赔，而坚持等待下去，希望汇率回头，这样当汇率一味下滑时会遭受巨大亏损。

"获利"的时机比较难掌握。在建立头寸后，当汇率已朝着对自己有利的方向发展时，平仓就可以获利。例如在

120 买入美元，卖出日元；当美元上升至 122 日元时，已有 2 个日元的利润，于是便把美元卖出，买回日元使美元头寸轧平，赚取日元利润；或者按照原来卖出日元的金额原数轧平，赚取美元利润，这都是平盘获利行为。掌握获利的时机十分重要，平盘太早，获利不多；平盘太晚，可能延误了时机，汇率走势发生逆转，不盈反亏。

（二）买涨不买跌的原则

外汇买卖同股票买卖的原理完全一样，宁买升，不买跌。因为价格上升的过程中只有一点是买错了的，即价格上升到顶点的时候。除了这一点，其他任意一点买入都是对的。

在汇价下跌时买入，只有一点是买对的，即汇价已经落到最低点。除此之外，其他点买入都是错的。

由于在价格上升时买入，只有一点是买错的，但在价格下降时买入却只有一点是买对的，因此，在价格上升时买入盈利的机会比在价格下跌时买入的概率大得多。

（三）"金字塔"加码的原则

"金字塔"加码的意思是：在第一次买入某种货币之后，该货币汇率上升，眼看投资正确，若想加码增加投资，应当遵循"每次加码的数量比上次少"的原则。这样，逐次加买数会越来越少，就如："金字塔"一样。因为价格越高，接近上涨顶峰的可能性越大，危险也越大。同时，在上升时买入，会引起多头的平均成本增加，从而降低收益率。

（四）于传言时买入（卖出），于事实时卖出（买入）的原则

外汇市场与股票市场一样，经常流传一些小道消息甚至谣言，有些消息事后证明是真实的，有些消息事后证实只不过是谣传，甚至是庄家特意布下的陷阱。交易者的做法是，在听到好消息时立即买入，一旦消息得到证实，便立即获利出仓。反之亦然，当坏消息传出时，立即卖出，一旦消息得到证实，就立即买回。如若交易不够迅速很有可能因行情变动而招致损失，或错过赢利机会。

（五）不要在赔钱时加码的原则

在买入或卖出一种外汇后，遇到市场突然以相反的方向急进时，有些人会想加码再做，这是很危险的。例如，当某种外汇连续上涨一段时间后，交易者追高买进了该种货币。

突然行情扭转，猛跌向下，交易员眼看赔钱，便想在低价位加码买一单，企图拉低头一单的汇价，并在汇率反弹时，二单一起平仓，避免亏损。这种加码做法要特别小心。

如果汇价已经上升了一段时间，你买的可能是一个"顶"，如果越跌越买，连续加码，但汇价总不回头，那么结果无疑是恶性亏损。里森就是在这种心理下将著名的巴

林银行搞垮的。

（六）不参与不明朗的市场活动

当感到汇市走势不够明朗，自己又缺乏信心时，以不入场交易为宜。否则，很容易做出错误的判断。

（七）不要盲目追求整数点

外汇交易中，有时会为了强争几个点而误事，有的人在建立头寸后，给自己定下一个盈利目标，比如要赚够500美元或1000元人民币等，心里时刻等待这一时刻的到来。有时价格已经接近目标，机会很好，只是还差几个点未到位，本来可以平仓收钱，但是，碍于原来的目标，在等待中错过了最好的价位，坐失良机。

（八）在盘局突破时建立头寸

盘局指牛皮行市，汇率波幅狭窄。盘局是买家和卖家势均力敌，暂时处于平衡的表现。无论是上升过程还是下跌过程中的盘局，一旦盘局结束时，市价就会破关而上或下，呈突破式前进。这是入市建立头寸的大好时机，如果盘局属于长期牛皮，突破盘局时所建立的头寸获大利的机会更大。

炒国债也有技巧

常有人说"炒国债没有什么投资理财技巧，买了放在那儿就是了。"很多人问：投资理财国债到底有没有技巧?

国债投资策略可分消极和积极两种：消极的投资理财策略，是指在合适的价位买入国债后，一直持有至到期，其间不做买卖操作。从某种意义上说，就是上边说的所谓"没技巧"。积极的投资理财策略，是指根据市场利率及其他因素的变化，低进高出，赚取买卖差价。

对于以稳健保值为目的、又不太熟悉国债交易的投资者来说，采取消极的投资理财策略较为稳妥。

目前，在上交所上市的多只国债，大体可分为短、中、长线三类品种。短线品种距到期日只有14个月，收益率高于银行存款利率。中线品种较多，对于五六年后资金有用途的投资者，可以考虑买入该券。长线投资者，可以考虑买入半年付息一次，收益率也较高。

对于那些熟悉市场、希望获取较大利益的人来说，可以采用积极的投资理财策略，关键是对市场利率走势的判断。

目前我国发行的国债品种共有四种：凭证式国债、无记名（实物券）国债、记账式国债及特种定向国债。

（一）凭证式国债

这是一种国家储蓄债，可记名、挂失，以"凭证式国债收款凭证"记录债权，不能上市流通，从购买之日起计息，到期一次还本付息。在持有期间，持券人如遇特殊情况需要兑现，可以到购买网点提前兑取。除偿还本金外，利息按实际持有天数及相应的利率档次计算，经办机构按兑付本金的2‰收取手续费。

（二）无记名（实物）国债

这是一种实物债券，以实物券的形式记录债权，面值不等，不记名，不挂失，可上市流通。发行期内，投资者可直接在销售国债机构的柜台购买。在证券交易所设立账户的投资者，可委托证券公司通过交易系统申购。发行期结束后，实物券持有者可在柜台卖出，也可将其交证交所托管，再通过交易系统卖出。

（三）记账式国债

以记账形式记录债权，通过证券交易所的交易系统发行和交易，可以记名、挂失。投资者进行记账式证券买卖，必须在证券交易所设立账户。由于记账式国债的发行和交易均为无纸化，所以效率高，成本低，交易安全。

（四）特种定向债券

专门针对社会养老基金及待业基金发行的国债，用于保障社会福利基金的保值增值，其利率是固定的，且永不上市流通。

国债投资三不宜

作为一种收益较高、风险较小的投资方式，近年来，国债正受到越来越多投资者的青睐。诚然，收益稳定、免征个人收入所得税等优点的确使国债平添了几分魅力。然而，国债并非唯一的投资品种，购买国债也并非只赚不赔，如果操作不慎，不仅不能获利，而且可能带来一定经济损失。为此，在购买国债时一定要慎重比较，三思而后行，方能趋利避害，获得较大收益。下面是投资者应注意的三个"不宜"事项：

（一）不宜盲目求购。

进行国债投资，首先应对国债的基本常识有一个初步了解。如凭证式国债，其特征为记名式国债，不能更名、不能流通转让；期限为 2 年期、3 年期、5 年期三种；个人购买该期国债实行实名制，可以提前兑取。从这些特征看，国债并非适合所有的投资群体，投资者应当根据自身的经济状况和投资需求，来决定参与与否以及参与程度。如果投资者渴望得到更高的收益，而且同时又愿意承担一定的风险，就应选取股票、外汇等投资方式；如果投资者希望持有流动性较高的投资品种，就不应选择凭证式国债，因为凭证式国债不能流通转让；即便投资者"锁定"国债进行投资，也应当慎重选取合适的期限种类。用闲置时间较短（不能过短）的资金投资，宜选择两年期的国债；如果手头有相对稳定的资金长期不用，则应当选择三年或者五年期的国债进行投资。

（二）不宜短线介入。

凭证式国债不能流通转让，虽然可以提前兑取，但同时要支付一定的手续费。现假设一投资者 5 月 1 日购买今年二期凭证式国债，他选择三年期共购进 1 万元。半年后，因急需用钱，该投资者持券到原购买点要求提前兑付。根据有关规定，应按年利率 0.81% 计算，可得利息 41 元，再扣除按 2% 计收的手续费 20 元，实得利息为 21 元；与同期银行利率（0.99%）比实际少收入了 28.5 元。投资者的持有期越短，他相对的"损失"就越大。仍以上述投资者为例，假设他于 6 月 1 日即购买一个月后提前兑付，根据有关规定，购买期限不满半年不予计息，而且仍应向银行支付手续费 20 元，与同期银行储蓄存款相比较，投资者实际损失已近 30 元。就凭证式国债而言，投资期限在一年以内的，都不如选择同期银行储蓄存款。因此，如果投资者手头有短暂闲置资金，就不宜选择凭证式国债；同样，投资者在对所持资金的未来用途不能确定的情况下，也不宜盲目选购国债。

（三）不宜参与"黑市"交易。

根据有关部门通报，近年来，国库券制假、售假的犯罪活动有抬头趋势。不法分子利用人们对假国库券识别能力差、部分人急功近利的弱点，以较低的价格在隐蔽的"黑市"上兜售假券，进行犯罪活动。近年以来，全国许多地方相继发生数十起群众在"黑市"误购假券上当受骗的事件。这些安全事件便告诉投资者，参与国债买卖，要到合法的经营场所，不能贪图小利，参与"黑市"交易，使自己的资金、财产蒙受损失。

投资开放式基金的技巧

投资者在购买开放式基金时，事先应该了解哪些情况？

投资者在购买开放式基金之前，必须对基金有一个全面的了解。首先，投资者要仔细阅读基金的招募说明书，了解基金的名称、类型和投资目标，以确定该基金的投资目标、投资理念是否适合自己；其次，要清楚有关基金的发行情况，如基金的发行价格、发行费用、募集资金数额以及发行方式、发行时间、发行地点等；最后，投资者应该通过基金契约了解投资理财人的权利和义务，如基金分配的原则、收益分配的一般方案，有义务交纳管理费用等。同时投资者还有必要了解契约中关于基金信息披露的规定，例如，基金年报、中报公布的时间与方式，基金资产净值、投资理财组合公布的时间与方式等。只有详细了解了开放式基金的方方面面之后，投资者才可以考虑投资理财开放式基金。

（一）如何选择开放式基金？

第一，要选择适合自己的基金类型，一般来说，开放式基金可分为收益型基金、平衡型基金和成长型基金，这三类基金的风险性依次加大，投资者可以根据自己的风险承受能力进行选择；第二，要区分基金承诺和宣传的回报是单式回报还是复式回报，并要注意基金提供的回报数据是否将费用计算在内，一般来说，复式回报好于单式回报；第三，投资者必须明确的是，不能以一时的成败论英雄，评价一个基金的业绩要放在一个较长的时间内去考察，只有经得起时间考验的基金，才是好的选择；第四，有比较才有鉴别，要将基金与相同类型的基金进行比较；第五，基金经理人是决定基金业绩的重要因素，选择好的基金经理人就意味着成功了一半；第六，但是最重要的是，在选择基金时，一定要考虑到基金的风险因素。

（二）投资开放式基金有何窍门能获利更多？

投资者在众多基金中选出适合自己投资理财的基金，只完成了投资理财的第一步，在一个适当的时候买进卖出基金，才能使投资者获得真正可观的收益。因为，开放式基金的价格随着资产净值的波动而处于不断的变化之中，只有把握良好的投资理财时机，才能获利。总的说来，基金的价格波动不同于股票，通常开放式基金的价格走势比较平缓，一般不会出现急升急跌的现象。

在选择基金的买卖时机时，投资者应把握以下原则：

（一）长期投资理财策略。即不要一次性大量购买基金，最好的投资理财方法是，在保留日常生活支付之后，分次对基金进行长期投资理财。

（二）在具体操作上，投资者可以从证券市场波动、经济周期和国家的宏观经济政策中，寻找买卖基金的时机。

如当经济或者股市处于波动周期的底部时买进基金，而在高峰时选择卖出基金。

（三）不在大涨之后买进，不在大跌之后卖出，也就是不要追涨杀跌。

为了获得更好的长期投资收益，投资者在买卖开放式基金时，可以采取平均投资策略，即"成本平均法"和"价值平均法"。成本平均法，就是每隔相同的一段时间，就购买相同金额的基金，比如，投资者可以每月（或者每季度或每年）购买一次，每次购买 1000 元的基金，这样，当基金价格低的时候，就可以多买一些份额，相反，价格高的时候，购买的份额就少；价值平均法，是投资者在市价过低的时候，增加投资的数量，在市价高的时候，减少甚至出售一部分投资。运用平均投资理财策略，可以避免一次性投资过多，从长期来看，可以获得较好的收益。

由过往经验得知，效益排行在前几名的基金，在经过一段时间后很少仍能高居排行榜前列。当我们在基金公开说明书上看到"基金过往的效益并不代表未来表现"时千万别以为那是在开玩笑。

（一）只需少许的基金

我们不是基金的收藏家，而是基金投资理财人。我们并不需要购足各种不同类型的基金，我们只需做好资产分散的配置即可。

（二）精打细算投资成本

高比率的交易费用将蚀损投资报酬率。查看基金公开说明书中各种费用的比率，避免投资高交易费用的基金。

（三）投资风险性

基金投资是有风险性的，基金的报酬率有大幅超越同类型基金平均值的可能，也有低于同类型基金平均值的可能。

（四）长期投资理财

基金的投资理财效果是需要长期投资累积的，勿因短期的绩效表现不佳而频频转换基金，须知基金转换或赎回都要给付手续及交易费用，且无法确保新投资理财的基金表现会优于原先投资的基金，最好的方法为选定基金后长期投资理财。

（五）让时间证明绩效表现

基金经理人与投资理财人为伙伴关系，应给予基金经理人足够的时间来证明绩效表现，改掉期望短线投资理财获利的不良习惯。

第二章　投资收藏品，让你的收益保值增值

投资收藏有技巧

谈到收藏，人们想到的便是字画古董，便认为都是艺术家的事，是附庸风雅的行为。

的确，在过去，收藏确实是知识分子、名流大儒们为装点门面而有的行为，满足虚荣的心理需要是一方面，另一方面也是一种投资理财行为。

今天，收藏，这种独特的投资理财方式，是每个老百姓都可为的事，并且受法律保护，外人不得干涉。

然而有一点没有变，那就是收藏固有的文化品位，通俗地讲，一种颇为风雅的投资理财行为没有变。

试想，一个高明的字画收藏行家，他不能没有一点绘画知识和书法知识，他对于绘画史和书法的历史不能没有比较精深的研究。只有这样，他才算得上是一个比较内行的字画收藏家。

一个内行的字画收藏家，他的身上便有一种文化味，

一种书卷气。这就是我们所说的风雅。

收藏品五花八门，常见的至少有几十种，谁也没有做过统计，谁也无法统计究竟有多少种。一位外国投资家说收藏品是属于杂物箱中的东西，确不为过，简单说来，收藏品至少应该包括以下诸物。

（一）艺术品

1. 外国：名画、手工艺术品。

2. 中国：古今名人字画、手稿、日记等，手工艺术品、雕塑、编织、刺绣，以及民族特色和地域特色较强的工艺美术品等。

（二）古董类

包括的东西非常多，可以这么说，凡是古代流传下来的，有收藏价值和欣赏价值的都属此类。诸如古钱币、茶具、酒器、瓷器、陶器、漆器、瓦器、服饰、刀具、文房四宝、首饰、印章等。

（三）其他类

这类收藏品也非常杂，如签字、门票、火花、粮票、布票、邮票、钟表、照相机、书籍、照片、洋娃娃、根雕、奇石、烟盒、烟具、徽章、磁卡、手机、传呼机等。

艺术家的玩命造就了艺术品不朽的魅力，玩命的艺术家奉献给人类一件件瑰宝，弥足珍贵。这也正是古往今来无数的投资者投资理财艺术品的一个根本原因。

如果考察一下世界上成名富翁的投资理财走向，就会发现，几乎所有的富翁都参与了艺术品和古董投资理财。现在的海外，艺术品和古董已与股票、房地产并列为三大投资理财对象。艺术品和古董之所以有如此强的"魅力"，是因为与其他投资理财行业相比，艺术品投资理财有如下优点：

（一）风险较小

艺术品和古董具有不可再生性，因而具有较强的保值功能，购买后一般不会贬值。所以投资理财艺术品的风险很小，如果操作得法，基本上没有什么风险。

（二）回报收益率高

投资理财的收益与投资理财的风险成正比。即风险愈大，收益可能就愈大；风险愈小，收益则会愈小。如股票投资和期货投资即属此类。

（三）企业可以充分利用艺术品投资的广告效应

对企业而言，投资艺术品和古董市场，可以使消耗型广告费变为营利型广告费，有助于企业在市场上树立良好的形象。

企业投资艺术品和古董的最主要动力是艺术品高额的投资回报率。企业投资艺术品和古董不仅可以获得较高的买卖价格差异，还可以使企业形象得到优化。

高回报必然会有高风险，因此，初入行的人必须注意：

（一）初介入者，要把握住"四多"的原则：多看、多问、多了解、多比较。

（二）依据自己的财力确定自己的投资理财对象。

（三）对艺术品和古董要有全面的了解，介入前，最好多读一些有关的书籍，学习一些专业的知识。

（四）投资艺术品和古董，要做长线投资理财的准备，不要有急功近利、急于求成的思想。

书画选择的四个标准

对任何一个投资者来说，都存在一个购买艺术品的选择问题。

在浩如烟海的艺术品大世界里，投资理财哪个档次的艺术品，怎样把握住投资理财的依据，都是需要仔细琢磨的。

这就是艺术品的选择问题。看起来好像不是什么问题的问题，但实际上是一个很有学问，很值得研究的大问题。

学会了选择，也就是能从那些浩如烟海的艺术品世界中挑选出那些有升值潜力的艺术品，可以说，这已经做到了成功的一半。

明朝末年，社会动荡不安。

李自成的起义军一路北上，势如破竹，明朝官军土崩瓦解。北方的许多达官显贵带上金银财宝，纷纷南逃。

当时，北方有个开钱号的大财主李厚贤，一看农民军打到了家门口，放出的银子也收不回来了，便匆匆收拾行囊，只带了几根金条和收藏的几十幅董其昌的画，匆匆踏上了南下的逃亡路。

李自成攻破了北京，崇祯帝吊死于煤山，明朝灭亡了。

但李自成也被满人赶出了北京，落荒而逃。

满族统一了中国，建立了大清王朝。

清朝的统治者为了稳固政权，笼络人心，便大力弘扬汉学，字画自然也在其中。比较有名的四王便在这个时候粉墨登场了，但他们缺乏创新精神，以模仿前人为能事，明末的董其昌便是他们心仪的宗师之一。

四王便花高价收购董其昌的作品，董其昌的许多作品都毁于战火。而李厚贤，因为收藏了几十幅董其昌的作品，他卖了这批画，所得的银子远远超过了他在战乱时损失的银子。

对书画作品的选择，具体说来，就是要把握四个标准："真""稀""精""全"。

（一）"真"

书画作品的真伪是最主要的投资前提。谁都知道，由于代笔、临摹、仿制以及故意的伪造，使书画作品鱼目混珠，在艺术市场上花大价钱买回来假货，不但失去了盈利的机会，有可能连本也得赔进去。对艺术品进行投资，最起码的要求是货真价实，千万不能上假冒伪劣的当。这就是说，凡是想对艺术品进行投资，必须具备一定的鉴定艺术品真伪的水平和技能，否则只有吃亏上当的份，造成巨大的经济损失。

关于艺术品的鉴定，我们在前面的章节里已探讨过这个问题，投资者可以通过对一些专门书籍的阅读，加深自己的鉴别修养，提高自己的鉴别能力。

（二）"稀"

"物以稀为贵"，在艺术品投资理财中更是如此。在艺术史上那些独树一帜的作品，更是艺术品投资理财中的极品，那些具有创新意义、首开先河的艺术品便有极高的投资理财价值。

《蒙娜丽莎》是稀世珍品，究竟能值多少钱呢？1962年到美国展出时，当时有人估价为1亿美元，现在能值多少，谁能说清楚呢？

一个名家创作了数以千计的作品，尽管他是名家，但因为数量多，其作品的价格可能要稍逊那些名气稍次，但作品数量少的艺术家。

（三）"精"

一个艺术家，在他的艺术生涯中，有他的高峰期和低落期，有他的得意之作和庸俗之作。艺术家比较得意的作品，一般都是精品，但也不一定。

以精为标准选择所投资的艺术品，并不意味着大家的一般性作品就没有市场。对许多中小投资者来说，根本无力问鼎标价高的艺术精品，艺术大家的一般性作品就成了他们追逐的目标。

以精为标准选择投资品的原则是，在相同或相似的价位下，应尽量从其中挑选出最优秀的作品。这样，艺术品才具有较大的升值潜力。

（四）"全"

投资艺术品，如八条屏和四条屏的字画缺少某个条幅，这种不全会影响其升值的潜力。对于单件艺术品而言，凡有破绽不够完美的地方，都称为不全。这类艺术品的收藏价值将因为不全而大受影响。

所以投资者要避开"不全"这个误区。

投资古瓷器的技巧

"如果你不了解中国的瓷器，你就不了解中国。"一位西方汉学家的话虽然有点夸张，但他至少表明了一点，中国瓷文化的源远流长，制瓷业的博大精深。

中国的制瓷史差不多和中华民族的历史一样悠久灿烂。

对精美瓷器的收藏，是历史上许多帝王将相、达官贵人的共同嗜好。客观地说，这些人对推动中国制瓷业的发展，起到了积极的作用。

瓷器和书画作品不一样，书画作品仅能满足人们的审美需要，而瓷器，除了其艺术价值能满足人们的审美需要外，它还有实用价值。

一件精美的瓷器，有极大的增值潜力。

2010 年 5 月在苏富比的拍卖会上，一个红色的瓷瓶以

1550 万港元成交，轰动一时。但这件古玩四五年前由原主在佳士得伦敦拍卖会上得到时的价格，仅为 40 万英镑。

真正的一本万利。

这样赚钱的好事不会太多，但只要收藏的是真正的名瓷，风险小并且收益可靠。

有志于投资理财中国瓷器的投资者，首先应该大致了解一下中国瓷器的发展史，对各个时代的特色瓷器要做到心中有数。这样才可以保证不犯常识性的错误。

（一）陶和瓷的区别

人们爱把陶和瓷连在一块，称作陶瓷，但陶和瓷是有本质的区别的。陶器一般是由易熔黏土烧制的，烧制温度较瓷器低，一般不超过 1000℃。器表没有釉或只施有低温釉，胎质粗松，故有吸水性，敲击声不脆。

瓷器是由瓷土作胎，表面施高温玻璃质釉、经 1200℃以上的高温熔烧，胎质烧结，变得不吸水或吸水性很小，敲击时可发出金属般的清脆的声音。所以古人形容瓷器之美时，说它"薄如纸，明如镜，声如磬"。

（二）制瓷业始于商代。到了三国两晋南北朝时，瓷器工艺迅速发展，出现了青瓷、白瓷。白瓷的出现，为后来各种彩绘瓷器的发展打下了基础。

（三）唐代。制瓷业的兴盛期，代表是北方邢窑的白瓷与南方越窑的青瓷，称为"南青北白"。

（四）宋代。制瓷业空前繁荣起来。这个时期，全国形成了有代表性的瓷窑体系。影响最大的是被后世称为五大名窑的"汝、官、哥、钧、定"。磁州窑是北方最大的民窑体系。宋代瓷器品种繁多，创立了多种优美的造型。釉色运用工艺高超。

（五）元、明、清。制瓷业继续发展并走向高峰期。这几个朝代制瓷业的中心是江西景德镇。元代继承唐宋以来的成就，烧制成青花、釉里红等精品瓷器。此外，还成功地烧制出多种颜色釉，为明清两代瓷器的更大繁荣奠定了基础。

明清的主流是青花瓷，另外，明清还发明了釉下青花与釉上彩相结合的斗彩。

中国制瓷业的工艺水平在清朝前期达到了历史的最高峰。

投资瓷器应该注意以下几点：

（一）瓷器是易碎品，投资者不可忽视瓷器的保存。

（二）投资古瓷器，投资者必须具备足够的专业知识。要多看货，多比较，多读一些指导性的专业方面的书籍，不要急于求成。要买，要注意有选择，买精品。

（三）要重视真伪鉴别。

由于近几年兴起了收藏热，在经济利益的驱动下，造假者越来越多，而且造假者的工艺手段也越来越高，投资者如果不重视鉴别，很可能上当受骗。

（四）避开那些人为炒作的，价格昂贵的瓷器，投资于那些有收藏价值的特色瓷器。

（五）投资瓷器后，最好购买一份财产保险，否则一不小心损坏了，可能就此破产。

（六）投资者应该注意投资者的地区分布不均这种情况。现今的瓷器投资者主要集中在中国港台和日本。这虽然减少了内陆投资者的竞价压力，但也造成了投资以后较难脱手的问题。

投资古钱币的技巧

我们之所以把古钱作为一节单独阐释，是因为古钱独成体系，博大精深，不专门论述不足以说清楚。

中国的古钱，从春秋战国时的图形币到民国时期的铜元，跨度达2000多年，可谓历史悠久，源远流长。

2000多年的历史变迁，朝代更替，以及外国钱的杂入，更使得中国古钱异彩纷呈，让收藏者眼花缭乱。

收购古钱不像瓷器字画一样，一眼就能看到精品所在。尽管现在民间散存有大量古钱，但普通者多，堪称藏品者少，个中原因不言自明。用物以稀为贵的观点来看，能称上藏品的都是历史上发行数量少的钱币，随着时光的流逝，腐朽、散失不可求者居多，所以，现在流传下来的精品就极少了。

所以，对古钱的收购有一点可遇不可求的色彩，也可以说，是披沙拣金的过程。

对投资者而言，了解一点古钱的知识非常必要。有大部头专门介绍古钱知识的书籍，介绍得非常详细具体，投资者可以研读。这里，简单地列举一点有关古钱的知识。

（一）形状

春秋战国时铸造的是图形币，如铲形币、刀形币等。秦始皇统一六国后也统一了货币，改形状为圆形方孔钱，俗称"孔方兄"，圆形方孔的形状延续到清朝，才出现了圆形实钱，如清朝铸造的银币便是。

（二）材质

人们一般称古钱为铜钱，故铜质的古钱最多。早期是青铜，后来冶炼技术提高后，才出现了纯铜钱。铜受潮腐变后生满绿锈，所以，是否绿迹斑斑是鉴别古铜钱的一个标准，而那些光洁闪闪、艳亮如新者绝对不是真品。

除铜质外，更多的是铁质，汉和北宋就铸造过大量的铁质钱，此外还有少量的金质、银质古钱。一般是改朝换代或特别重要的年份，才铸造金质钱。如王莽就铸造过金五铢，唐开元初年，也铸造有少量的金质钱。银币在清朝才大量铸造。

（三）重量大小

古钱有大有小，小者直径为 1 厘米，大者直径多为 3 厘米，有少量直径达 4 厘米，但极少。一般说来，同一模板铸造的大小一致。

（四）价格

古钱的价格也体现在"物以稀为贵"上。罕见者为极品，衡量的标准也并非越早越好，如北宋，铸造了大量的铁质大观通宝，因为民间散失的较多，所以不值钱。再如开元通宝，开元年间经济发达，一连几十年铸造的都是开元通宝，所以普通型也毫无收藏价值。

投资古钱币应注意以下几点：

（一）投资理财古钱币，收藏起来简单方便。轻便易带，买卖灵活。

（二）既有增值潜力，又有欣赏价值。

投资理财古钱币的好处是它不但能赚钱，而且还可以增长知识，通过钱币可以感知历史。

（三）古钱币的回报率比较高。

与投资理财书画瓷器不同，古钱币是投资小、收益大，一枚有价值的古钱币，花几元甚至几十元就能买下，如果行情好，常能几十倍、上百倍的增值。

（四）极品钱币民间难以购求，而钱币市场上又价格高昂，所以一般的投资者不要选这类钱币为投资对象。

（五）古钱币市场赝品充斥，所以，去伪存真就成为投资者必须掌握的一门学问。所以，要求投资者有比较高的文物知识素养，而途径只能是多学、多看、多研究有关的知识史料。

（六）古钱币投资理财无经常性收益。投资者在没有把握的前提下不要盲目收购，避免占用大量资金而不能及时得以兑现。

做一个黄金财商高手

黄金是一种世界货币，具有高度的流通变现性。只要纯度在99.5%以上，或有世界性信誉良好的银行或黄金自营商的公认标志及文字的黄金，不论携至天涯海角，都可依照伦敦金市当日行情的标准价格进行买卖。

由于黄金投资理财是一种"长线"型投资理财，所以，它非常适合作为防守型的辅助性投资理财。

黄金投资的种类包括实金投资、金币投资和金饰品投资。

（一）实金投资理财

实金即金条、金块，是黄金本身。实金投资是黄金投资中最安全的方法。一般的黄金投资大户都是这种投资。

所有实金表面上都铸印有许多资料，包括金条熔炼者的名称或标记、金条成色、金条重量、金条编号等。

黄金价牌买卖亦有买入价与卖出价之分。投资者未来利润的多寡不仅与金价波动紧密相关，还与买卖差价密不可分。差价越大，意味着投资者付出的越多，而回偿的可能性相对减少，反之亦然。因此，作为实金投资者，了解差价的计算是十分必要的。

（二）金币投资理财

金币投资理财最受中小投资者的欢迎。

不论是何种金币，只要发行量不是特别大，加上金币本身的纪念价值，艺术欣赏价值，它潜藏着很大的升值可能，且年代越久越值钱，这是普通金币所有的特性。

市面上目前流通的金币，均为国际公认金币，各银行都有挂牌交易，买卖方便。

金币分为纯金币和纪念金币两种。

1. 纯金币

纯金币是为满足想拥有钱币状金块的人需要，由国家大量制造的一种钱币。这类金币铸造量大，交易量也大，不讲究年代、造币厂记号、制造工艺水平及表面磨损等状况，只注重重量，无多大纪念价值，其价格稍高于黄金。

比较流行的纯金币有加拿大的枫叶币，美国的鹰币，澳大利亚的鸿运币，南非的富格林币及我国的熊猫币等。

2. 纪念金币

纪念金币发行的目的主要是观赏、收藏，并用于纪念历史人物或有重大意义的历史事件，有很高的收藏价值。

纪念金币从公元前 550 年到现代都有，品种很多，比如著名人物诞辰纪念金币、奥运金币、独立周年金币等。我国在 1979 年发行了纪念中华人民共和国成立 30 周年的纪念金币。

纪念金币的价格虽然受金价的影响，但这种影响并不是最重要的。这种金币的价值高低主要由其稀缺程度，年代的久远度，发行量的大小及其艺术性决定。

（三）金饰品投资理财

黄金饰品的投资理财，其实是一种消费和投资的巧妙结合。在经济状况越来越好的今天，投资金饰品成为投资黄金的主流。

金饰品的价值随着金价的变动而变动。

（四）黄金艺术品的投资

黄金艺术品的价值由两方面构成：黄金价格及艺术的创意、造型所具有的价值。所以，黄金艺术品有极大的增值空间。在所有的黄金投资种类里面，它受黄金本身价值的影响因素最小。

投资黄金及艺术品应该注意以下几点：

（一）投资金条、金块。储存和安全措施要跟上。

建议委托银行保管，虽然要交一定的保管费用，但投资者免去了丢失、被抢劫的意外风险，花点钱买个安心，何乐不为呢？

（二）如想投资理财金币，对金币的种类一定要慎重选择，这直接关系到未来的收益。具体来说，要做到以下三点：

1. 首先要弄清楚所要购买的金币是否由国家或中国人民银行发行，有无面额。有面额才有保证。

2. 要弄清发行量的大小。发行量大小决定着升值潜力的大小。

3. 艺术品位高低。做工是否精致，图案是否精美，是否有时代精神或符合时代潮流。

（三）投资理财金饰品要把握好金饰品的成色。成色低增值就小。

（四）投资黄金艺术品要做到两点：

1. 要看材质的成色高低。

2. 要有艺术鉴赏力。

宝石识别技巧

古往今来，人们对珠宝总是津津乐道，于是也演绎出一个个扣人心弦的寻宝故事。《阿里巴巴和四十大盗》《孤岛寻宝记》等精彩故事不胜枚举。

夜明珠、珍珠、翡翠、玛瑙、红宝石、蓝宝石、绿宝石、钻石等五花八门，让人眼花缭乱。

珠光宝气，香车宝马。提到珠宝，人们总是喜欢和女性联系起来，似乎女性都是珠宝行家高手，这大约是崇尚女性美的心理使然吧！

提到珠宝，也似乎只是有钱人的专利。这种看法在过去无疑是正确的，但现在已有很大的变化。

19 世纪以来，人类就开始大量制造各种品级不同的珠宝，结果是许多有钱人想拥有珠宝的愿望变成了现实。但在同时也制造了许多廉价的珠宝，让许多"穷人"的爱好也得到了满足。

今天，有钱的玩家自然有许多投资理财品级的贵重珠宝可以选择，但"穷人"的选择也不少，例如一些镶嵌饰物及工艺品、珍珠饰品、翡翠玛瑙玉石制品等，都已经"飞入寻常百姓家"了。

黄金有价，珠宝无价。珠宝缘何如此珍贵，这与它自身的特点是分不开的。

珠宝有哪些特点呢？

（一）物以稀为贵。

珠宝是自然界中最为稀有的物品之一。一切天然珠宝都是大自然的产物，需要经过漫长的地质变迁才能结晶生成，任何一粒珠宝都不是轻易能够得到的。

（二）有非常高的使用价值。

大多数珠宝硬度大、体积小、强度高，在一些特殊工业中有着非常大的用途。

（三）装饰性强。

珠宝的色泽灿烂无比，有极高的观赏性，它可以作为高档饰品，以增添雍容华贵的气质，因而备受人们青睐。

（四）贮藏珠宝可以增值。

由于珠宝稀有、价值稳定并且不断升值，贮藏珠宝已成为越来越受世人欢迎的有利可投的一种投资理财方式。

国际通行的计量珠宝的单位是克拉。1 克拉等于0.2 克。

宝石家族很大，包括极品钻石、红宝石、蓝宝石、绿宝石、翡翠、橄榄石等。

主要宝石和产地如下：

钻石，主要产地是南非；

红宝石，主要产地是泰国、缅甸；

蓝宝石，主要产地是斯里兰卡、安哥拉；

绿宝石，主要产地是缅甸；

翡翠，主要产地是哥伦比亚；

橄榄石，主要产地是缅甸、泰国。

在宝石家族中，上面六种堪称"石王"。除此而外，世界上还有多种相当稀有漂亮，而且价值还没有升到惊人地步的宝石。世界上有色矿石品种不下 300 种，被称为宝石的，也有 40 多种。但在理财中一定要注意以下几点：

（一）热炒中的宝石，如果投资者没有足量的资金和充足的把握，最好不要介入。

（二）投资者可以考虑购入升值潜力高的某种冷门石，也有赚钱的可能。

（三）请理财师鉴定。

（四）索要资质单位出具的鉴定书。

（五）学会鉴别天然宝石和人造宝石。

1. 人造宝石在高温中熔解时，会有气泡产生，因此，若在宝石中发现有圆形的气泡，则必定是合成物；相反，天然宝石因为夹杂有其他矿物，即使有像气泡般的孔，也不是呈圆形的，并且内部含有少许的液体。

2. 用高倍放大镜来观察宝石内部，如果是天然结晶体，则会形成细微的平行线；相反，人造宝石是经熔解凝成的，因此形成的线是曲线。

珍珠投资技巧

在珠宝家族中，珍珠似乎并不太受人重视，原因是人工养殖珠蚌，珍珠产量大增。

看起来珍珠的价格应该是在走低，其实不然。珍珠的产量虽然大，但消耗量也很大，化妆品行业和饰品行业对珍珠的需求量最大。珍珠，以其装饰性强，药用价值大和极品稀少而为人们所钟爱。

一位资深的行业内人士曾断言说：依靠现在的自然环境条件，凭借科学技术，珍珠的产量也是有限的。就是尽可能大地增加珍珠的产量，也不可能出现供大于求而降低价格来满足所有爱好者的需要。

珍珠和牛黄、麝香一样，是造物主赐给人类的珍宝。人类依靠自己的智慧虽然能增加一点产量，但要想像商品生产大规模流水线作业一样，则是永远无法实现的梦想。

所以，对于广大的投资者而言，珍珠仍然是可行的投资理财商品。

（一）珍珠是珠蚌体内分泌物固化而成的，是圆球形的营养物，较硬。

（二）天然珍珠形成的时间较长，现在人工殖珠，由于采用了激素类药物，可以速生，但质量不好。

（三）珍珠的主要用途是医用、化妆品和装饰品。化妆品和医用的主要是一些残次品，上等品和极品都成为收藏品和装饰品。

（四）直径在 1 厘米以上，颜色润洁，形状浑圆者堪称极品，有较高的收藏价值。

（五）真假珠的鉴别。

1. 从颜色上看。真珍珠的颜色不是纯白色，而是白黑泛彩，迎着光线侧看，有淡淡的油彩颜色为真，否则为假。

2. 从划痕上看。持珍珠在较为粗糙的物体表面一划，如留下细腻的粉末痕迹则真，否则为假。

3. 从形状上看。真珍珠浑圆者少，多为椭圆形或扁圆形。而假珍珠多为机器所造，像药丸，滚珠一样的圆。

4. 看层次。珍珠因为是日积月累形成的，所以真珍珠的表面有年轮般的波纹，而假珍珠的表面则很光滑。

投资珍珠应该注意以下几点：

（一）投资珍珠，首先要远离赝品。

（二）请理财师鉴定。

（三）索要专业单位的鉴定书。

（四）不要购买残次品。

（五）由于作为收藏品的珍珠价格不固定，所以，购买时要请理财师对价格进行评估。

第三章　投资小店铺，将你的经营财商发挥极致

书店的经营管理

定位与选址是开书店的首要问题，比如先明确书店定位然后有目的地寻找店址，力求最大限度地锁定目标顾客群体；而如果已经有了特定的店址，则需根据书店的所在位置以及周围现有及潜在的消费群体选择经营类目，同时根据他们的消费习惯与口味建立自己的特色。

一般来讲，附近有文化娱乐场所、商业写字楼及成熟的住宅社区、大学区、商业区等的地方，都是可以选择的开店位置。个人创业投资的书店一般规模较小，流动客流和固定的客流都非常重要，因此，最好选择社区或大学周边读者群体多的地方。大学区的书店尽量避免过多的畅销书，而写字楼附近太学术化的书籍也不会好卖。专业性强的书店开在相关的场所附近，则会事半功倍。

1. 书店的类别：

（1）综合书店

包罗万象，类似于新华书店、书城等。

（2）特色书店

从狭义上讲，是指专门从事某一类书的销售和服务的书店；从广义上讲，"销售与服务"涵盖了很多个层面，可以是价格上的、销售种类上的、经营模式上的以及服务特色上的等。

（3）特价书店

这类书店在价格上做文章。基本为中小型的综合类书店，汇集从文学艺术、休闲娱乐、升学考试、计算机等领域的书籍，以价廉质优吸引回头客并刺激消费欲望。

（4）专业书店

指专门销售某一特定产业、行业及其相关领域书籍的书店。这种书店一般都带有浓郁的创办者个人思想，同时创办者多有行业背景，具有此领域超于常人的行业知识或者专业敏感。此类书店专业性强，提供某一产业或行业多角度全方位的书籍及资讯，人无我有，"专""精""尖"是此类书店的最大特色。

（5）氛围书店

指在经营书籍的同时为消费者提供更舒适的阅读、交谈等环境的书店。这类书店在某种程度上更像一个书吧，以提供休闲娱乐类的书籍及杂志为主。

2. 进货渠道的选择

图书进货渠道基本有三种：一是从出版社直接进货；二是从书商手里进货；三是从批发市场直接进货。

作为初始经营的书店而言，从批发市场进货是最普遍的做法，批发市场的现金交易可以使拿货的折扣低2~5个百分点。此外，如与有实力的固定书商保持良好的合作关系，则可占此市场先机。需要特别注意的是，无论是出版社、书商还是批发市场，基本上采取的都是"可调不退"的供书模式，调配价格按书籍现有折扣。但若碰上所进书为样书、绝版书则不退不换。

3. 提高服务质量与水平

对特色书店来说，在买方市场已经逐渐形成，价格的比拼与进货渠道都相当的情况下，加强服务便成了书店促成、保持与挖掘新老客户的必要手段。比如紧随市场与消费者需求的书籍采购、店内装修的舒适度与书籍分类的摆放、店内员工对于书籍的熟悉程度、热情为用户送货等，都是普通层面的服务范畴。

4. 其他经营招数

（1）人们的消费水平与消费需求日趋提高，书店经营也日益朝向以人为本的方向发展。在环境因素正成为消费主导的今天，许多书店采取了多种经营的方式，比如为书店附加咖啡吧与茶座，它不但是人们购书累了的休憩地，更成了许多人会友与商务谈判的绝佳之地。

（2）除了日常的销售外，书店可组织名家签名售书，组织讲座、报告会、评书会等主题活动，扩大书店自身的社会影响。

（3）网上书店。在经济与技术实力兼备的经营的同时，也将书店开到了网络上，作为宣传与销售的良好补充。甚至，网络因其便捷的特性吸引了更多的眼球，从而也激发了更大的购买欲望。

在激烈的市场竞争中，书店的经营与发展必定不是一蹴而就的事情，并非有了浓厚的兴趣与资金支持就一定只赚不赔，在市场经济下，需要更精明的经营者。

网上开店的经营管理

网上开店，在考虑卖什么的时候，一定要根据自己的兴趣和能力而定，从顾客的需求出发。目前主流网民有两大特征，一是年轻化，学生群体占有网民相当的比重；二是上班族，代表了主流网民的另一大基本特征——白领或者准白领。据某大型商务网最新统计显示，水晶、纯银项链、彩屏手机、床上用品、牛仔裤等成为人们搜索最多的关键词，这些关键词为欲做网上生意的人们提供了开店导向。此外，商品自身的属性也对销售有制约作用，一般而言，商品的价值高，收入也高，但投入相对较大。对于既无销售经验，又缺原始资金的创业族来讲，确实是不小的负担。网上交易地域范围广，有些体积较大、较重而又价格偏低的商品是不适合网上销售的，因为在邮寄时商品的物流费用太高，如果将这笔费用分摊到买家头上，势必会降低买家的购买欲望。

其具体的经营管理如下：

1. 选择产品

（1）产品定位

在网上开个小店和在网下开个实物店是完全不一样的。在网下，只要店铺位置不要太差，小生意可以做得不错，而在网上做生意，就要独辟蹊径了。

一般来说，在网上销售，最好是找网下不容易买到的东西，如特别的工艺品、限量版的"宝贝"、名牌服装、电子产品等，这样，专门的"发烧友"就会到你店里，如果买卖顺当，那生意就细水长流了。

（2）价格定位

在网上销售，没有店租的压力，没有工商税务的烦恼，只要能有好的货源，赚一元是一元。所以，价格一定要比网下便宜，不要心太黑，多参考别人的价格，能便宜尽量多便宜点，这样，会有很多想省钱的客人进来，若再服务得好点，这批客人或许又成了你的长期客户。

（3）丰富产品

产品定位好了，价格也定好了，你就可以去开个小店了，在把握新、精、平的原则上，尽量多铺点货上去，因为每个来的客人，都希望自己所逛的店铺琳琅满目，产品丰富，而且产品多的话，还有一个好处，比如淘宝的推荐位不是买的，而是根据你的信用和店里的货物数量获得相应的推荐位。所以，在你信用还很低的时候，能获得一个分类的推荐位，是有很大好处的。

当你有了一两个推荐位时，就要灵活运用，一定要挑一个在你这个分类里最有特色，价格最有优势的产品，放到推荐位上去，目的不光是提高销售量，而是希望这个产品成为一个引子，吸引客人到你店里去参观，这样，又多了一点成交的机会。

2. 适合人群

网上开店，是真正时尚前卫的工作，但并非每个人都适合网上开店的！究竟把网上开店作为自己的第一职业，还是第二职业呢？也要根据具体情况而定。

（1）初创业者：创业者在公司建立的初期，知名度低，没有人知道自然就没有生意，开个网络店铺让客户知道有这么一个店铺，网民也可以用搜索引擎找到店铺的链接，建立起知名度就迈出了创业的第一步。

（2）整天活动在网上的人：网上开店并不需要整天活动在网上，作为网上店主，也许每天只需要 1 个小时就完全可以照顾好自己的商店，但是假如你是一个绝对的网虫，那也是一种绝对的资源，有时间又勤奋，就一定有收获！经常活动在网上，可以找到更多的网上客户资源，可以在客户服务上尽可能地做到尽善尽美！经常活动在网上，可以学习到更先进的技术，可以把自己的网上商店打理得很好！经常活动在网上，花费时间来照顾推广自己的网店是很轻而易举的事情。

（3）企业管理者：对于小型企业，网上销售，网上开店是一种必然需要的选择，不受地理位置、经营规模、项目等因素制约，只要上网就能资源共享，中小企业在网络店铺上与知名大品牌实现了平等，而且还可以开展以前想都不敢想的全球经营。

（4）具有产品货源的小商户：有货，那就是资源，现在需要更好的销售推广，那就可以网上开店，一次的投资，专业的推广，自己的产品，马上就可以得到立竿见影的效果，网上开店的一个必要因素就是货源，有货源的小商户网上开店是一种很有眼光的选择！

（5）把网络作为自己未来理想的人们：如果你很喜欢网络，希望未来的日子不再奔波，过着属于自己的 IT 白领生活，那你一定是一位很热爱生活的人！你喜欢网络，那就去追求自己的梦想吧！那并非虚幻而遥不可及！那并非短暂的昙花一现，网上购物必将成为未来 10 年的一个发展方向！只要做得早，就一定能够成为行业的领跑者！也许你并不想成为领跑者！只要能实现现在的梦想就可以了。

（6）自由职业者：不少自由职业者喜欢上网冲浪，他们开设网络店铺并不在意自己的东西能卖多少钱，而是希望那些平时逛街所觅来的东西同样会有人欣赏和喜爱，其目的是通过开店来充实生活，寻找一些志趣相投的朋友。因此这类人投资风险较小，还可以以此为契机，拓宽社会圈子，为今后的发展做铺垫。

（7）大学生：大学生平时的学习生活比较清闲，对网络应用得心应手，上网开店唾手可得。

（8）在大都市生活的人们：生活在大都市的人们，那就是一种资源，在这些快节奏的城市，遍地都是机遇，只要去努力就一定能成功，网上开店就是一个很大的机遇。

3. 开店流程

现以交易量较大的"京东""淘宝网"为例介绍一下在网上开店的流程及注意事项：

（1）免费注册，选择一个用户名，输入必要的个人资料后注册成功，要注意的是，会员名一注册就不可以更改了，所以请谨慎注册。

（2）免费认证，注册成为淘宝会员后，单击实名认证。认证分为个人认证及商家认证。个人认证是对年满 18 周岁以上的合法公民所进行的身份证认证，需要卖家提交身份证明文件；商家认证是指具有法人资格的商家所进行的认证，需要卖家提供营业执照，公司账号，法人身份证明等文件。一旦通过认证，就不许修改个人姓名和身份证号码，另外，所有的证件必须是原件扫描。资料提交完毕后选择一个最佳联系时段，淘宝网会在卖家提供的时间内做电话确认。

（3）免费发布，单击"我要卖"，就可以开始发布"宝贝"，发布10件"宝贝"以后，就可以在我的淘宝网左侧找到"开店铺"的字样，然后把店开起来。这个时候你会拥有一个店址。

（4）免费开店，在"我的淘宝"里面，单击左侧"开店铺"，一家新店就正式开张了。

4. 开店进货

网上创业已成为一种全新的商业模式被应用，很多创业者想通过网上开店实现自己的创业梦，其实，网上开店成功的关键在于进货渠道。

（1）批发市场进货：这是最常见的进货渠道，如果想经营服装，那么可以去周围一些大型的服务批发市场进货，在批发市场进货需要有强大的议价能力，力争将批发价压到最低，同时要与批发商建立好关系，在关于调换货的问题上要与批发商说清楚，以免日后起纠纷。适合于当地有这样的大市场，且具备一定议价能力的人。

（2）厂家直接进货：正规的厂家货源充足，信用度高，如果长期合作的话，一般都能争取到产品调换。但是一般而言，厂家的起批量较高，不适合小批发客户。如果有足够的资金储备，有分销渠道，并且不会有压货的危险或不怕压货，那就可以去找厂家进货。适合于有一定的经济实力，并有其他分销渠道的人。

（3）购进外贸产品或 OEM 产品：目前许多工厂在外贸订单之外的剩余产品或者为一些知名品牌的贴牌生产之外会有一些剩余产品处理，价格通常十分低廉，通常为市场价格的 2 ~ 3 折，品质做工绝对保证，这是一个不错的进货渠道。但一般要求进货者全部吃进，所以创业者要有经济实力。适合于有一定货源渠道，同时有一定的识别能力者。

5. 产品展示

现在，选择在网上开店的人越来越多，如何在众多的网店中脱颖而出，吸引潜在顾客的眼球，是网上店主急需解决的问题。

（1）让商品找到"门派"：在上架之前就要考虑好商品的分类。选择一个合适的分类有利于顾客快速从页面导购中找到你的网店，这也是电子商务的主要诀窍之一。

（2）好东西要放门口（仅限于购买了商铺的商家）：怎么才能让顾客在你的店里第一眼就看到吸引他眼球的东西？这就需要做好商品推荐，店铺页面推荐是根据时间排序，推荐时间越晚，显示的位置越靠上。如果您什么也没推荐，就默认为显示所有商品，自动分页。花点工夫，盘点一下你的"宝贝"，让最好卖的东西出现在最上面。

（3）商品图片是你给顾客的第一印象：一幅模模糊糊、花里胡哨的商品图给人的感觉非常不好，就像一张不干净的脸，吸引不了别人的注意。图片可以从网上搜索，现在大部分的厂家有自己的网站，可以从他们的产品介绍中择取图片；另外还可以扫描产品手册，以合适的分辨率扫描出来的图片都是比较清晰的，这两种方法既快捷又美观。如果还不行，那最好用数码相机来拍照，事后用图片处理软件修改一下也能达到不错的效果。如果你花几个周末学习学习 Photoshop 之类的"化妆工具"，让图片出门前多少来点合适的美化，就更好了。

（4）联络感情，搞好关系：对于曾经购买过你的商品的顾客，可以定期进行回访，比如在发货后不久就询问顾客是否收到，在一个月后询问顾客是否满意，在两个月后问是否有建议，或者有没有其他需要的商品……让顾客感受到你的重视，还可以培养他们的消费习惯。一旦习惯了在你这儿买东西，一个义务的宣传员就有了。重要的是这样的成本非常非常低，回访的形式可以是几角钱的电话、一角钱的短信、不花钱的邮件，何乐不为。

（5）做老实人：诚信是商业发展的根本，千万别为了捡芝麻似的小利，丢了发展的大西瓜。不可能有上了一次当还眼巴巴来上第二次当的，所以在组织货源、发货时都要多加注意，杜绝假冒伪劣、残次品流向消费者。

6. 网上促销

在进行网络营销时，对网上营销活动的整体策划中，网上促销是其中极为重要的一项内容。根据促销对象的不同，网上促销策略可分为消费者促销、中间商促销和零售商促销等，这里主要是针对消费者的网上促销策略。

（1）折价券：是直接价格打折的一种变化形式，有些商品因在网上直接销售有一定的困难性，便结合传统营销方式，可从网上下载、打印折价券或直接填写优惠表单，到指定地点购买商品时可享受一定优惠。

（2）变相折价促销：是指在不提高或稍微增加价格的前提下，提高产品或服务的品质数量，较大幅度地增加产品或服务的附加值，让消费者感到物有所值。由于网上直接价格折扣容易造成降低了品质的怀疑，利用增加商品附加值的促销方法会更容易获得消费者的信任。

（3）赠品促销：目前在网上的应用不算太多，一般情况下，在新产品推出试用、产品更新、对抗竞争品牌、开辟新市场情况下利用赠品促销可以达到比较好的促销效果。

（4）抽奖促销：是网上应用较广泛的促销形式之一，是大部分网站乐意采用的促销方式。抽奖促销是以一个人或数人获得超出参加活动成本的奖品为手段进行商品或服务的促销，网上抽奖活动主要附加于调查、产品销售、扩大用户群、庆典、推广某项活动等。消费者或访问者通过填写问卷、注册、购买产品或参加网上活动等方式获得抽奖机会。

（5）积分促销：在网络上的应用比起传统营销方式要简单和易操作。网上积分活动很容易通过编程和数据库等来实现，并且结果可信度很高，操作起来相对较为简便。积分促销一般设置价值较高的奖品，消费者通过多次购买或多次参加某项活动来增加积分以获得奖品。积分促销可以增加上网者访问网站和参加某项活动的次数；可以增加上网者对网站的忠诚度，可以提高活动的知名度等。

（6）联合促销：由不同商家联合进行的促销活动称为联合促销，联合促销的产品或服务可以起到一定的优势互补、互相提升自身价值等效应。如果应用得当，联合促销可起到相当好的促销效果，如网络公司可以和传统商家联合，以提供在网络上无法实现的服务；网上售汽车和润滑油公司联合等。

以上六种是网上促销活动中比较常见又较重要的方式，其他如节假日的促销、事件促销等都可从以上几种促销方式进行综合应用。但要想使促销活动达到良好的效果，必须事先进行市场分析、竞争对手分析，以及网络上活动实施的可行性分析，与整体营销计划结合，创意地组织实施促销活动，使促销活动新奇、富有销售力和影响力。

7. 守法经营

做一个守法公民，网上开店不要经营国家法律法规明文禁止经营的商品。遵守国家的法规政策。目前国家法律还没有对网上开店管理做出相应规定，但是已经出现过经营不错的网店被当地工商局以无证经营处罚的案例，所以网上开店在必要时应该申请注册，及时缴纳相关税费。

药店的经营管理

尽管单体药店面临着诸多的生存压力，但单体药店不会消失的判断是可以肯定的。任何时候，都不太会出现一种业态独步天下的局面，即使在连锁化程度很高的美国，仍有为数不少的社会单体药店。因为消费者求便和求廉是两项永恒的消费心理，况且单体药店经营成本、人力管理成本都较低，兼之一个好的地理位置，生存应不成问题。

对单体药店而言，其利润的产生主要仰仗客流量、购买率、客单价和毛利率。围绕这 4 个因素做文章，单体药店也不失为一种好的投资方式。

1. 实施差异化经营

单体药店由于体制灵活，可以形成"一店一策"的经营，这是连锁药店没有的优势。通过认真研究周围的商圈、顾客群及消费购买习惯，在产品的某个方面形成特色定位，甚至形成专科药品特色药店。

特色可以集中在肝胆、心脏病、糖尿病、高血压等专科领域；也可集中在健康食品、参茸补品、药膳成品等药补、食补领域；或家用中小医疗器械、物理疗法服务等领域。

2. 形成服务特色

实在找不到产品差异化，就打服务差异化，其关键在于调整服务定位，寻找相对固定的服务群。

单体店要生存，特色化服务是可行之道。所以，应想方设法提高服务质量，提高服务水平和能力，通过日常化、特色化服务来抓住消费者的心。比如实行送药上门、代客煎药等。或者建立客户数据库，通过短信、电话、邮件、邮寄 DM 等，定期为消费者进行疾病预防和产品培训。

还可以通过把店员培养成药剂师、营养师、保健师、按摩师、心理咨询师、美容师等，做社区居民的全科保健医师，或向目标消费者提供系列、系统的医学和药学美容等咨询服务来求得生存。

3. 加盟连锁药店

医药物流已经在全国范围内得到了很大的发展，有了医药物流的支持，连锁药店在零售方面的扩张非常迅猛。

加盟制是物流、快批企业在向零售拓展中最常采用的手法。2005 年发布的药品零售数据显示，在百强企业的 26126 家门店中，加盟店就达到了 15146 家，占 57.97%；而 2006 年发布的相关数据又有大幅升高，百强企业门店总数 36240 家，加盟店多达 25857 家，占 71.35%。

社会单体药店加盟连锁药店，也是一条出路。

4. 加入 PTO 等联盟

如果具备一定的规模，也可以考虑加入（连锁药店采购联盟）PTO。如果规模较小，可以联合多家小药店，形成一家采购联盟，以降低采购成本，提高利润率。

形成联盟后，可以团购，需要有人组织实施，需要大家拿钱出来作为运营费用。以上海为例，该市共有400多家单体药店，其中200多家联合起来，形成"绿色联盟"，走的就是一条自强的道路。

5. 转型为网上药店，降低管理成本

因网上药店没有场地租金和营业员费用，经营成本较低。在经营过程中，必须注意调研网上适合销售的产品种类，突出便利和价格低廉的优势，充分发挥网页的资讯功能，对消费者作客观准确的告知。

6. 多元化

在连锁药店和平价药品超市的挤压下，单体药店客源不足，提高营业额主要靠提高客单价来实现，多元化经营是一个可以考虑的选择。

对于多元化的"元"，要经过详细调研后确定，应选择商圈范围内人群需要的产品或者服务。其中有两个方向可供选择：一是药妆店，就是增加化妆品的经营；二是增加便利品，因为求便是消费者永恒的追求。

7. 转战城郊，避开竞争

现在竞争白热化的地带基本集中在了城市，而在偏远的地方，如城郊和农村则竞争不足。单体药店可依靠体制灵活与管理成本低的优势，转战城郊，开发一块属于自己的新市场，避开与连锁药店的正面撞击。

茶叶店的经营管理

开一家茶叶店也是很赚钱的，但要掌握好经营与管理，具体是：

1. 合理的选址

店铺经营最注重的是"地气"和"人气"。"地气"主要是看这个地方有没有商业氛围，这种商业氛围对我们所经营的商品合不合适。"人气"主要是指我们经营的地方有没有顾客流，这些顾客是否有购买我们商品的心理动机。

茶叶店的选址归纳起来一般有以下地段：

（1）繁华商业中心。这些地区商业氛围浓，客流量大，购物层次复杂，购买频率高，消费者大多有较强的求质、求好、求美的特点，但房价或租金比较高，竞争尤为激烈，所以进入前须仔细考虑，分析自己的人力、财力、物力是否具备，若有条件，进军"商业中心"当然正确。若实力不具备，千万不能贸然行事，这些地方要求茶叶品位高一些，要注意品牌、名茶品种要丰富，与茶叶有关的茶具、茶书要配套，如紫砂、瓷器、玻璃茶具等。

（2）宾馆饭店群附近。宾馆饭店是商旅居住的地方，他们大多不带茶叶，随时购买，而且，为了走亲访友，捎一点茶叶显得雅而不俗。饭店也要用茶，需求量也很大。宾馆饭店群旁开茶店，是比较适宜的。房租不宜过高，也可以租用宾馆饭店的经营大厅，从而提高格调，并可以与茶艺结合起来。

（3）交通大道。这些地方人口流动量大，能吸引顾客，应注重茶店的外部吸引力。品种要新颖，价格要优惠，适合一些字号较老的、无形资产较大的客商进入，刚刚入门的客商最好不要盲目经营茶店。

（4）居民区。茶叶是居民消费的必需品，选择居民区一般风险较小。

2. 茶叶店装饰

茶叶店的装饰主要是突出茶叶经营的特点，使顾客产生一种和谐美的心理。茶叶店装饰分为外装饰与内装饰，外装饰主要能吸引顾客进店浏览，内装饰主要是能激起顾客的购买动机。

（1）茶叶店的外部装饰有以下几个要素。

①外部造型。外部造型一定要突出茶的素雅、清心的特点。

②招牌。一般茶叶店大都采取传统风格，长方形匾额，用黑色大漆做底色，镏金大字做店名，请名人书写，雕刻而成，庄重堂皇；或用清漆涂成木质本色，用名人题的字，雕刻后，涂成绿色，古朴典雅；再者可以用现代装饰材料做成大的内装透明灯光，外面用醒目大字，构成现代气息的招牌。具体则根据所经营的场所而定。

③对联。如果有一副好的对联，则更能体现茶叶店的文化与艺术气息。

④橱窗。橱窗是茶叶店的第一展厅，它能直接刺激消费者的购买欲。橱窗尽量设计大一些，里面可以摆一些具有吸引力的茶叶，如保鲜茶、花茶、广告打得响的保健茶，适当地放一些茶具，可以将外形好看的茶用透明玻璃杯泡上几杯，隔几天换几个品种。橱窗内灯光要亮一些，摆设的茶、茶具和茶水要组成一幅美的图画，且不断地变动。

⑤店名。茶叶店的命名主要是体现经营者的个性与茶文化的和谐统一，起好名字是关键，可利用传统的老字号，也可以按照茶叶的特点结合经营者的思路，或请茶文化专家起一个好名字，如"吴裕泰茶庄""信裕泰茶庄""满堂香茶庄""仙山茶行""绿茶世界""五福茶艺馆""天福茗茶"，都是很不错的字号。

3. 具备丰富的茶叶知识

作为一个茶叶经营者，首先需要的是掌握丰富的茶叶知识，包括简单的茶叶栽培知识，茶叶的产地、茶叶的种类、茶叶的加工，各种茶生长在什么地方，地方名茶的来历，茶叶质量的鉴别，茶叶价格的变动，茶艺、茶道、茶文化以及与茶有关的茶具知识等。同时，不断了解市场的要求，掌握茶叶消费的变化，更新经营观念，预测茶叶消费的变化趋势。

4. 严把质量关

商品质量是决定一个商店经营好坏的重要因素，茶叶尤其如此，因此在进茶时，千万不能讲人情，一定要严把质量关，看外形、闻香度、测水分、开汤、品滋味、看叶底、评价格，一丝不苟。如有条件，可以用先进的检测设备；若自己把握不定，可以向一些专职技术人员请教。同时要求供货商有三证（营业执照、卫生许可证、商品检验合格证）。进包装茶要了解对方有没有分装厂，且手续是否完备（分装资格、商品条码、产地、出厂日期、保质期），并且拆开一两盒（袋）看看品质是否相符，千万不能图省事、图便宜，轻易相信人，最好选择有规模、有实力、有无形资产的供货商。

5. 定价合理化

茶叶的销售价格一直是个很难解决的问题。前期价格太高，通过媒介作用，消费者"望茶止步"。现在由于竞争激烈，许多人价钱又卖得太低，有的甚至低于成本价，引起恶性竞争。因此，在保持好的质量的同时，一定要有合理的定价。先要确定进货成本价，在计算出经营成本及合理利润后，参考市场定出一个合理价格，既不能牟取暴利，也不要低价竞争，当然名优茶、特种工艺茶，由于它们的特定艺术价值，定价高一些是应该的。

6. 多品种经营

一是在茶叶品种上增加不同等级，如"黄山毛峰"有极品特级、特级、一级等；"牡丹绣球"有"头春""二春""三春"。二是经营茶叶的同时经营与茶叶有关的商品，如茶具、茶书、茶点、茶水、茶保健品、茶字、茶画及文房四宝。茶具有紫砂、瓷器、玻璃、不锈钢等，而紫砂有高、中、低，有套壶、单壶、怪壶，有黑泥、白泥、红泥等，茶点有瓜子、开心果、牛肉干等。三是采取与众不同的包装与储存方法，如花茶以锡箔袋包装、绿茶可以放在冰柜里保鲜出售等。茶叶的主体结构要根据不同地区的不同消费者而定，须经市场调查，不能盲目模仿，盲目拼凑。

7. 商品陈列有序

商品陈列得好坏直接影响到消费者对茶叶店的感觉。种类不同的茶叶及与茶有关的商品一定要合理地陈列。首先是分类，如花茶区、绿茶区、红茶区、保健茶区、极品茶区、茶具区；其次是档次，让消费者一目了然，最好在各个区内放上茶叶的简介（产地、品位、特点等）；最后是整体的布局，要根据经营店的整体环境，将茶叶、茶具等与店内店外结构协调起来，使陈列的商品协调一致，构成一幅赏心悦目、心旷神怡的立体画面，给顾客一种流连忘返的感觉，同时体现井然有序，繁多而不乱。

8. 茶叶店可以与品茶、茶点、茶艺连为一体

如果茶叶店面积充足，经济实力强，最好与品茶、茶点、茶艺的经营连为一体。一家很别致的茶叶店连上一个别有风味的小茶馆，茶馆内环境优雅，墙上挂几幅字画，室内摆上几盆盆景，原质的木桌、木椅，桌上一套精致的茶具以及几碟精美的茶点，加上身着中式服装的招待小姐、先生，定时来几场茶艺表演，也可长期表演，或设立古筝、

古琴演奏古曲名曲，别有一番情调。收费不要太高，更不能附带酒类、烟类，这样顾客在品茶之后，购买欲望大增。

服装店的经营管理

大家都知道服装的利润是很高的，但是为什么有人赔钱又有人赚钱呢？其实是经营管理方面的问题。具体地说有以下几点：

1. 服装款式要新颖

服装的花色、款式是否好看、新颖，将直接影响销售。同时，服装的花色和款式变化快、周期短，经营者又很难做到及时应变，这是做服装生意的人经常遇到的难题。服装特色就是款式新颖。抓住款式新颖要掌握关键两点：

（1）加强自身审美修养，经常研究服装，从而提高对服装花色、款式的审美水平；

（2）善于搜集服装流行信息，搜集的方法主要是听、看、访、查。

①听，就是一方面听取顾客对花色、款式的要求，另一方面留意人们对花色、款式方面的议论。

②看，就是一看内外地市场情况，二看电视上的时装表演和服装展销，三看报刊上的信息，等等。

③访，就是直接询问穿戴者其服装的销售货源。

④查，就是对不便直接询问的，就寄信或打电话、电报给有关个人或单位，跟踪查询。

2. 进货要适销、适量

进货要适销、适量，是经商者必须把握准确的关键一条。特别是经营服装，既要适销，又要适量，很难掌握"准"。主要做到以下三点。

（1）掌握当地市场行情，比如出现哪些新品种？销售趋势如何？价格如何？了解这些才能做到心中有数。

（2）编制进货计划，当然在进货过程中也可应变修改。

（3）做好市场调查，在进货时，首先到市场上转一转、看一看、比一比、问一问、算一算、想一想，以后再着手落实进货。

对进每一件服装，都细致过目，进行五看、两试。所谓五看，就是看面料质量，看花色，看款式，看针工，看价格。所谓两试，就是自己试穿，少进试销。经营的基本策略是：勤进快销，薄利多销；他无我有，他有我优，他多我少；畅销多进，弱销少进，滞销不进；先订后进，以销定购；先代销试销，好销再经销；紧俏商品就购销，一般销势就代销；新商品少进试销，一旦畅销再多进。

应防止服装积压。只要进货做到适销、适量，一般不会积压的。即使有一点积压，也一定要做到当季服装季终清库——不过季；当年服装年终清库——不过年。

3. 善解人意

优异的服务质量具有延伸性、跟踪性。这项工作既是为民办事，又是感情投资，做得好，能使经营者与顾客结下深厚友谊，从而对顾客有利——解决实际困难，对企业有利——有群众信任，使店兴旺发达。所以，需做到 4 个"善解"。

（1）善解人心人意。善于转换角度看问题；顾客拿钱买一件衣服，也不容易，要站在顾客位置上考虑问题，将心比心，即使生意不成交，也要谅解顾客。所以，对顾客不劝买、强卖、讹卖，即使顾客不买，也不冷落顾客。

（2）善解分外之难。顾客在外地或别的店买的服装，买回后感到不合适，想卖出去。这本来与你无关，你却要把分外事当成分内事，为顾客按其所定之价，进行免费代销，为此会有很多顾客与你结成朋友。

（3）善解顾客所急。在经营中经常遇到一些特殊情况，例如某些顾客所要的特体服装，你要设法为其专购；非营业时间只要顾客急需，可夜里开门销售；如遇商品断档，顾客可事先预约订购；遇有顾客结婚特需某款样式，则尽力满足其要求等。

（4）善解后顾之忧。一般顾客对所买服装有三怕：一怕以假充真；二怕价高宰客；三怕售后不理。针对顾客这种忧虑，实行"四包"：

①包补。价格如确实高，保退差价或者退货。

②包退。如果认为是假货，或者质量有问题，可以退货。

③包换。如因花色、款式、规格、长度、不合体等因

素，可以调换合适的。

④包修。万一遇到针工有毛病，可为顾客修理好。

4. 适时促销

在竞争激烈的情况下，许多服装店会通过虚假降价来刺激顾客消费，结果只会失去顾客的信任，而优秀的服装店懂得将利润植根于顾客的满意度。他们实施公平定价的原则，适当开展促销，不会在需求突然增加的情况下哄抬价格，而且对销售的产品提供保障。

适时大减价是服装店的重要战术。通过适时减价，甩卖陈货，处理过季商品，可以调整商品结构，并通过价格波动刺激消费者的购买欲望。从过去到现在，会不会适时减价甩卖都是考验服装店经营是否成熟的重要标志，因为服装不同于其他类型的商品，具有明显的时间性和季节性。过季服装，因为市场价值大为降低，应尽快脱手提高资金的利用率。另外通过大减价还会带来旺盛人气，弥补因为减价而带来的损失。

尽管服装店的竞争很激烈，但仍然有成千上万优秀的服装店还是在大赚其钱，这都是因对顾客的尊重和灵活的经营战略，造就了这些经营者的成功。

5. 老板充当"衣架子"

无论在商场还是专卖店，特色服装多挂在塑料模特上展示。然而，一些服装小店因为局限于营业面积，许多老板只好充当了模特的角色，并逐渐成为一种全新的促销方式。

如果你要加盟连锁，要从几个方面了解这个公司的实力。一是货物的品质，二是货物的价格，三是公司的经营执照。如果你想加盟某一项目，千万不要只看一家，否则你一定会失败的。

再有，按照国家的一些规定，做加盟的公司，一定要有自己的直营店，如果没有，你根本就不用考察什么了，就是假的、违法的，可到当地工商局进行举报。

干洗店的经营管理

洗衣行业是服务行业中的朝阳产业，市场前景广阔；与百姓生活息息相关，市场风险性小；是一种长期稳定的投资项目；单位运营成本较低而收益率较高；人员投入少，便于操作和管理；属于中小型投资项目，适合个人投资。

据预测，洗衣业有 25%～30% 的利润空间。有关统计表明，目前我国洗衣网点的数量平均每 25 万人才有 1 台干洗机，远远满足不了消费者的需求。毋庸置疑，洗衣业将是一个升值潜力很大的行当，投资市场空间巨大。

1. 市场前景

通过对洗衣需求和洗衣业现状的分析，我们可以看出，目前国内洗衣业发展仍然落后于市场的需求。减轻日常家务劳动，寻找专业洗衣服务，已成为多数人的洗衣选择。虽然洗衣业近几年得到了迅猛的发展，局部地区的洗衣市场发展较快，基本满足了多层次消费人群的需求。但从全国来看，行业整体发展速度落后于市场需求的增长，技术水平偏低，多数洗衣店仍停留在设备简陋、技术粗糙的阶段，尤其中高收入人群的洗衣需求远远没有得到满足。

需求的多样化决定了任何行业都必然会走向行业细分化，洗衣业正处于初步细分阶段。洗衣工厂虽然具有规模化优势，但随着运输费用和门市租金的提高，收衣点的经营成本不断增加，获利空间不断缩小，导致收衣点难以为继；加之取送时间较长、不能为顾客提供更多增值服务等，传统的洗衣业态势必会逐渐退出历史舞台。

由市场需求的演变，我们可以预测行业的发展趋势：个体洗衣店通过添置、更新必要的设备，提高洗衣技术，凭借价格的优势可以获得广大普通消费者的认可；专业级洗衣店依托良好的店面形象、先进的设备、专业化的服务，将会赢得追求生活品质的中高收入人群的青睐。从需求发展角度来看，专业级洗衣店有更好的发展空间、更强的竞争优势、更久的经营期限。

2. 投资机遇

加盟连锁经营已经成为全球备受称道的商业模式，成为品牌连锁店的加盟商，可以获得很多好处，既实现了自己做老板的理想，早日致富，又可以减少自己开办企业的风险。

据了解，加盟洗衣连锁店可以获得多方面的支持，如可以享受知名品牌带来的人气和利润；统一采购、统一配送从而降低进货成本；获得质量可靠的商品和服务；可根据总部已获得的经验来选择加盟店最佳地理位置；接受系统培训，用已经证明成功的经验来经营自己的企业；附属于知名品牌大旗下，受益于其整体广告所带来的客源；可得到持续不断的经营指导服务。

加盟商方面提供的资料包括：以往从事商业活动的经营状况报告；当地干洗市场状况的分析报告；加盟干洗连锁开业后的短期经营计划；如有投资合伙人，则需提交投资合伙人资金情况证明材料、合伙投资经营协议书。

该品牌的加盟店按公司的标准统一装修，公司还可以代为办理营业执照。

3. 选址要诀

开店铺的人往往议论商铺的位置好不好，可见一般人对店铺的位置看得很重要。然而，许多店铺开业时并没有把它作为投资的重要因素来进行周密的调查研究和分析，只是凭直觉来判断，这是远远不够的，尤其是洗衣店。并不是每一个好地段都适合开洗衣店，不要妄下结论，避免造成不必要的损失。选择店铺时一般是选择人口稠密的地区或商业繁华区，同时也要注意选择专业性的地方。

（1）选择大型居住小区附近。洗衣店主要是为顾客提供洗衣服务，因此开在小区附近会比较方便。在小区周围开洗衣店要考虑两个重要问题：

①是否便于居民出门和回家时取衣。很多店铺虽然在小区附近，但居民上下班都需要走一段路才能到达，可人们上班时一般都很紧张，没有多余的时间去送取衣服，而下班时又比较疲惫，懒得多走路。因此，洗衣店的位置是否顺路很重要。

②要了解该小区的居民类型、生活水平、消费水平、消费能力。如果一个低价位的洗衣店开设在高档住宅区内，可能很多人宁愿多走些路也不会把衣服送到这个洗衣店里。

（2）选择工厂、机关、商号集中地段。在大型办公楼林立的地段开设洗衣店，主要是为这些楼里的白领们服务。这类人群薪资收入较高、工作压力大、生活节奏快、在穿着方面比较讲究，对洗衣的要求也较高。

同时，一些行政单位也会产生大量的洗衣消费，但这些消费者多会选择店铺形象好、价格中上、服务质量优的洗衣店。

咖啡店的经营管理

咖啡店作为一种富有情调的行业，备受时尚人士的欢迎，在赚钱之余还能兼顾生活品位的追求，的确是两全其美的选择。所以，许多初涉商海的文化人喜欢经营咖啡店，使咖啡店具备了浓厚的人文气息，从而使其更加吸引人。那么，怎样才能得心应手地去经营一家不失品位的咖啡店呢？显然，懂得了经营咖啡店的要点，便可以摆脱这样的茫然无助的状态。当经营者的生活变得更富有情趣的同时也会发现自己的生意、社交和管理水平从此变得轻松自如。

咖啡店属于食的范畴，但主要目标却是乐的范畴。由于与消费者作直接的接触，所以有关咖啡的消费意识与消费结构的变迁，都可以反映在咖啡店的经营之上，因此，经营咖啡店的前提，是对消费者生活形态的了解以及确定消费对象。

1. 良好的地点

适当的地点是经营咖啡店的关键。曾经有人这么说：如果一家咖啡店能选择良好且适当的地点，则经营的成功率在70%以上。咖啡店的销售原则，就是要在能够充分吸引顾客的场所修建店铺。尤其是小规模的咖啡店，因为它不像大型的咖啡店那样具有其他综合性的功能，所以更应当注意地点的选择，这将是咖啡店成功的出发点。

2. 优质的咖啡

在咖啡店里，咖啡的构成力一定要很强，不管是哪一种咖啡，假如在价格的制定上偏高，或是有咖啡品质欠佳、组成不够齐全、存货量不够多等现象，就立刻会影响销售，自然更不容易增加固定顾客了。在咖啡店的经营上，不但要面临地域内各咖啡店的竞争，更要面对各种商店的竞争，所以，咖啡的优质决定了成功的基础。

商品作为整体战略，对于咖啡店而言，也是需要经常重视的。诸如经营计划、咖啡采购、咖啡开发、存量管理，乃至后勤的商品业务等综合全部的商品相关活动，都与咖啡店的强化经营有相当密切的关系。

3. 卓越的服务

最直接的，就是咖啡店的服务人员在等客时，要有优雅的姿势，且注意服装、化妆等仪表问题；接待顾客之际，要有适当的表情、态度及合宜的应对。所有服务员都要具备丰富的咖啡知识，适时地为顾客作说明，同时还要具备商谈能力。还有，店铺内部的装潢设施、有魅力且具美感的吧台陈设，以及店铺的照明等，都要有效地运用，并进一步加强广告媒体的宣传效果。还要提供各种服务设施。总之，咖啡店的服务能力必须是动用人、设备、便利等种种因素的整店综合活动。

也就是说，一家咖啡店的成功经营，基本上必须依靠选址、质量、服务三项要素有效的运用与配合。同时，在经营之际，有关情报的收集，诸如平常的竞争情况及消费者的需求变化等，也应该随时掌握，作为管理调整改进之用。

火锅店的经营管理

尽管火锅在我国的餐饮市场中至少已经经历了几年的火热发展，但市场前景依然看好。从种类来看，目前火锅市场常见的火锅形态可分为以下四大类。

1. 麻辣火锅

麻辣火锅最独特、最吸引人的地方，就是那一锅精心熬制、香味四溢的麻辣锅底。除了最常见的基本口味麻辣火锅外，还有大骨和麻辣汤底并存的"鸳鸯火锅"，以及大骨、麻辣与咖喱汤底构成的"奔驰火锅"。

麻辣火锅是热门的火锅料理之一，发展至今已成为很重要的一种经营形态。由于麻辣火锅店时常客人满座，因此快速且良好的服务是必须的。从客人一进门的带位、点菜、送菜、教导吃法、整理、结账到送客等，一点都不可马虎。其中的教导吃法是最特别的地方，由于每一家火锅店最吸引人的美味都是不一样的，因此吃的方法也会不同，这时由服务员亲自教导，除了帮助客人外，更加深他们对火锅店的印象。

2. 海鲜火锅

近几年才发展起来的海鲜火锅，在一片以肉类为主的火锅市场中异军突起，似乎还有越发扩大的趋势。然而，在海鲜火锅市场被看好的当下，业者能否慎选食材是成败的关键因素，其中"产地"是最大的因素。一般来说，我国的沿海、远洋深海可以寻找到肥美的蟹类、蚌类或贝类，而这三种也是许多饕客的最爱。

以海鲜为主料的海鲜火锅店，为了让每一位消费者尝到海鲜的美味，业者在食材与汤头的准备上必须特别地细心。为了凸显海鲜特有的鲜美甘甜滋味，海鲜锅的汤头主要以柴鱼清汤为主，不需要其他过多香味及甜味的汤头。

3. 药膳火锅

药膳火锅主要是以传统中药材为锅底，如当归、枸杞、黄芪、生姜等，有的会再添加可以驱寒保暖的酒类，如米酒等。不但融合锅中所有食材与中药的味道，更能在冬天带给人全身温暖的感觉。

传统上，冬季是最佳的进补季节。俗话说"药补不如食补"，因此，冬天一向是药膳火锅最受欢迎的时节。

药膳火锅的顾客群几乎都抱着进补的期待心理，加上近年来自然养生风潮的兴起，"健康""天然"的中药汤底及食材成为药膳火锅业者吸引顾客上门的法宝。此外，为了在一般的传统药膳锅类店家中异军突起，吸引消费者光临，多开发、引进口味独特的品种是必须的，例如业者可尝试我国传统中药房的独门药材配方，增加店内的汤头品项，以吸引顾客目光。

4. 特色火锅

除了以上的几种火锅类型之外，还有一类特色火锅。顾名思义，特色火锅是以使用一般店所没有的独特食材而出名，如巧克力火锅、芝士火锅、豆浆火锅，等等。

不管是融合古今味道，还是从海外引进本地的，都更加丰富了原有的饮食文化，带来新的饮食流行潮流，广受年轻人喜爱。

由于这些特色锅属于流行性商品，生命周期似乎比一般火锅短，业绩也较不稳定，因此能否持续发展下去仍是未知数，经营者在开业前必须深思熟虑。

（1）开创独特口味的汤头。以最基本的原味汤头为基础，尽可能地寻找各种适合的原物料融合其中，不断尝试创造出适合作为锅底的新口味汤头，拉开与竞争对手间的差距。

（2）寻找特色性食材。在了解现有全部汤头特性的前提之下，寻找并引进适合这些汤头的特色性食材，创造同业间没有的差异性。

（3）为淡季规划灵活的行销策略。吃火锅的旺季在冬、夏两季，淡季则在3月、4月、6月、9月的季节交替时期。只要业者能在淡季时规划出有趣的营销活动，将商品包装成能吸引所有人目光，不但能延续旺季时的营运佳绩，更在淡季时超前同业一大步。

（4）完善的服务。火锅业服务过程比一般餐店多出1～2倍的时间，相形之下，完善的服务尤其重要。

餐馆的经营管理

"民以食为天！"是中国的老话了。改革开放的今天，人民大众的生活水平和消费能力不断提高，使得餐饮业也随社会经济的发展而不断发展和壮大，餐饮行业的业态形式更为丰富，各种菜式花样翻新，新品迭出，饮食文化也走向时尚。我国餐饮行业成为社会经济的热点行业之一。

随着社会经济发展，生活节奏加快，社会经济带动了公关发展和流动人口增加等因素都造成了餐饮业持续发展的契机。餐饮行业的开办规模可大可小，菜色品种可繁可简，技术含量可高可低，利润较高，资金周转快。只要你决心已定，就可以根据条件来确定自己的角色，找到自己合适的定位。从这个意义讲，进入餐饮行业的门槛相对较低，可以成为我们一展身手的舞台。

一、餐馆经营的类型

1. 快餐店

快餐经营主要是面对大众化的消费群体，简便快捷的供餐方式，集中加工和标准化的生产模式。说通俗些就像大食堂，不过按对象不同又可分为门市餐、职工餐和商务餐等。如大家熟悉的快餐店有拉面馆、包子铺、大排档、便当店、麦当劳等。

盒饭套餐也是快餐的经营内容之一。有前店后厨、手工操作的传统运作方式，也有采取中心厨房制作、标准化生产出品的方便于外卖、配送和旅行餐的盒饭套餐，投资可多可少，几万元就可以开个这样的小店。

对于普通消费者最熟悉的是各种风味小吃快餐店。如上海馄饨店、白斩鸡店、北京锅贴饺子店、成都小吃盖浇饭等。投资规模也是可大可小。风味小吃快餐店是以地方风味为主，中国传统主食为主料辅以易于制作的配料等，简单方便，价格低廉。这些也是最有中国特色的快餐了。

自助餐是由西方冷餐会发展演进而成的。厨房先将各单一品种的菜点和汤水烹调成熟后，再集中摆放在保温食品台上，虽然品种较多，品质特色并不突出。食客可以自行选择和搭配食用，按进餐人数或进餐时间付账。这种自由、方便的进餐形式在一定的人群中很受欢迎，可以开在学校附近或白领人群较集中的地方。

2. 传统式餐馆

传统餐馆都以散客为主，按客人的点菜烹制和提供冷热菜品，有酒水服务。按照食品制作方法不同或突出特色，除了家常菜馆、海鲜酒楼等，也有火锅店、烧烤店、粥店等特色餐馆。除了川、鲁、淮扬、粤等大菜系不断改进创新、历久不衰之外，也有法、俄、英等国西式大餐，近年来韩国菜、越南菜、泰国菜、印度菜等也崭露头角。这类餐馆是以菜品质量或特色、标准化的服务、正式餐的格调吸引宾客，成为希望得到较为规范服务的食客们品鲜、聚餐或是请客的场所。

由于传统餐馆的服务形式多样，规模档次也是繁简不一。高档酒楼要投资上百万元，也有仅二三张餐桌的火爆小餐馆投资万元左右。对于投资多大的餐馆，关键是看你的经济实力的弹性有多大。所以投资餐饮业的可选择余地和发展空间都极为广阔，在众多的可选项里终有一款适合你。

3. 外卖餐馆

相当多餐馆只是把外卖作为一种销售的业务外延和补

充。也有专门从事这项业务的外卖餐饮公司，规模大些的如丽华快餐等。

许多快餐店只有厨房不设餐厅，接电话送餐。这样经营成本低，售价也不高，但制作的质量并不低，以方便快捷受到消费者欢迎。

随着经济发展和人民生活水平的日益提高，送餐上门服务的市场也在扩大。同时也需要开阔思路，丰富服务内容，才能进一步扩大市场份额。如有的外卖公司承接家宴、工作聚餐、婚丧礼仪餐、郊游备餐等，有广告彩页和报价单供客户选择，比去餐馆要便宜、方便。届时公司运来饮食成品，加温保温器具甚至有便携的折叠餐台桌椅，事毕来人清理和撤回用具。这样的便捷服务当然会受到消费者的欢迎而业务不断。目前，我国外卖消费人群主要是在经济发达的地区。

4. 餐饮配套服务

社会和经济的不断发展，会使市场进一步细分和专业化程度进一步提高。餐饮业的发展也带动了餐饮配套服务业。科学的合理的稳定的餐饮配套服务问题就被凸显出来了，这也是投资创业的一个切入点。餐饮配套服务包括了从餐厅用米面肉菜等主辅料的配送、基本分类分割初加工的半成品配送、基本制成品的配送等。

这种服务的前端是服务的初级阶段，重点是在服务的稳定性和服务的质量保障方面要更好地满足用户的需要。

在基本制成品的配送阶段已基本类似大城市的超市里的主食食堂，离直接的餐饮业经营仅一步之遥。航空餐盒里面的产品就集中体现了餐饮配套服务成果，其预制、装机、加热食用等环节服务的本身也就是餐饮配套服务。

我国地域辽阔，餐饮服务链条很长，层次和结构不一，内容与特点纷呈，有很多值得关注的环节，有很多可以进入的场地，有很多可以大有作为的舞台。每一个有志于在餐饮业发展的人，都可以从这里找到实现理想和实现自我的空间。

二、餐馆的经营方式

1. 自创自营

自创自营就是独立创业。独立创业也意味着要独立承担最大的收益与风险。独立创业成功了都是你的利益，不成功的风险也是一人扛。其实，如果没有丝毫的历练和悟性，当老板也是不容易的，除去资金问题不说，更多的是思维模式的局限性，容易从个人的喜好出发看待发展前景，而对营运风险问题等负面因素预计不足，缺乏对前期市场准确的调查和理性的分析。有清醒的经营者在选择项目时，不但要看赢利的前景也要考虑风险有多大，退路在哪里。

对于独立创业者的忠告，就是在制定计划、筹办安排、资金运用方面要留有余地，做最好的打算和最坏的准备。天有不测风云，独立创业中没有人能为你分担风险。虽然"不要把鸡蛋放在一个篮子里"，并不是投资者必须遵循的铁律，却是一种风险规避和管理上的谨慎选择。

2. 合伙经营

一个人要创业成功，是要有人合作的，合伙的关键在合心。这就需要有好的合作伙伴。首先要看是否有经营共识，如果经营理念都不一致，钱多也没用。再者要看合作伙伴的人品，自私狭隘或性情古怪就很难共事。还有就是能否同甘共苦，要具备能吃苦、坚忍不拔的意志。如果具备了这些良好的素质，合作就会顺利，经营也会成功。现在市场上的水太深，一个人创业较难，发展也缓慢。从表面上看，单干的冲劲会很大，决策果断，可以灵活应变，但其缺点也是显而易见的：资金难以筹集、决策容易失误、发展后劲不足等。虽然合伙创业也存在决策迟缓、管理成本增大等诸多缺点，但合伙创业相对比较容易成功。

合伙经营牵动各个合伙人的切身利益，大家都事事关心或都指指点点的也是正常的。但是企业管理和运行不能令出多门，搞得经营都无所适从。这也是合伙经营中常遇到的问题，解决不好就出现矛盾。这就需要合伙人之间有约定，企业管理实行经理负责制，合伙人是工作人员，只通过业绩和财务审计对企业监督和提出意见。既凸显主要管理者的职责，也明确合伙人责任权利，使企业运行有序。

3. 租赁经营

租赁现成的餐馆比较于新建、收购来说，投资最少。

只需对所租的场所进行简单修整，再配备些得力干部利用原班人马，也可另招或自带就能够营业了。采取租赁方式所承担的风险也比新建、购买餐馆要小得多，而且选择性较大、较灵活，没有包袱。如果对这里不满意，可以另租其他地方发展。租赁饭馆餐饮店有两种重要方式可以使经营者节省开支。一是延期缴付租金，可先与出租方谈谈，降低初期租金，待几个月（或一两年）后，饭馆餐饮店经营走上了轨道，有能力支付高额租金时，再补足差额。或是可以与出租方商议取消押金这一项费用，或者延期支付，或者完全取消，或者改由个人物品做抵押，如汽车、房子、价值相当的都可以。可以通过协商由出租方来负责或部分负责饭馆餐饮店的装修费用，例如墙面、地面、空调、照明等。

4. 连锁加盟

连锁加盟就是花钱从特许权批发商总部，得到品牌和经营模式成为其加盟店。总部提供技术专利和商号信息，加盟店按总部统一指令经营，如麦当劳、肯德基快餐店等。这也是当今流行的企业扩张和个人创业途径之一。连锁加盟的优势是：依靠大公司品牌和商誉，降低创业风险和艰辛；有总部的管理训练和营业帮助，省心力；统一宣传，统一采购配送，优质低成本。但是国内的有些连锁加盟还很不规范，鱼目混珠。

连锁加盟关键是要选准婆家。近年来，新冒出的热门连锁业品牌不少，但有不少品牌没有"火"几天就消失了。加盟连锁的品牌几乎每年都要重新洗牌，这无疑加大了加盟连锁创业者选择的难度。因此，选择加盟行业时要选择其连锁经营体系至少已经有几年的历史并仍在成功运转的。许多想创业的人加盟连锁是想省事，但选择加盟行业是不能太贪图便宜的。弱势的连锁品牌，费用低，但其产品的市场影响、总部资源和帮助也较少，许多事情都要靠加盟店自己去搞定，竞争力也就低。有竞争力的连锁品牌由于发展前途较好，加盟要求较高，挑选加盟者时的把关也很严格。

三、餐馆的选址

有个好的营业场地是开店红火的重要条件之一。营业场所位置的好坏与其经营效果有着十分密切的关系，也将对今后的经营发展有着重要的作用和影响。有句老话"一步差三市"，就是说开店铺选址的重要性。

在一些有丰富客源和人口相对集中的其他地区，如机场、车站、校园、居民小区、白领集中区域等地都是开餐馆的好位置。开餐馆要尽量选在客源充足、回头客较多、人气较旺的地方，中国人比较喜欢在热闹的环境中消费和进餐，不太选择较冷清的地方。

四、做好市场调查

在开店选址问题上，只要是到一个新地方，无论是行家里手还是初次经营餐馆，一要到实地深入考察调研，要耳闻目睹，要用数据说话，不能凭感觉靠经验行事。二要向当地同行和居民了解一些实际情况，充分掌握资料后再斟酌决定，切勿仓促从事。三要同业内人士磋商探讨，也要听取不同意见，尽量做到选址与经营万无一失。

详尽的市场调查是投资餐饮业的重要的第一步。一些餐馆之所以能够一炮打响，其主要原因之一就是事先做了充分的市场调查和应对方案。商场如战场，市场调查有如战前的情况排查是十分重要的。所以开餐厅之前，要搜集有关信息和消费者动态，充分了解市场。市场情报的调查要讲科学讲方法，才能得出真实可靠和有效的信息。

五、餐馆的定位

餐馆的市场定位是在市场调查的基础上做出的综合判断。要考虑到一些重要的制约因素：现有的财力；场地的费用；经营管理者的经验和能力；厨师的制作技艺；所在地的消费水平等。因此，铺摊子要量力而行，如果财力充足，则规模可大些，否则小些。创业之初，会有个探索和完善的过程，对顾客和市场情况并未充分了解，初期营业也是个经验积累与管理磨合的过程。建议初期步子不要过大，留点余地，以便"进可攻，退可守"。

六、经营管理

餐馆经营最终是要看经济效益，而经济效益是经营中的诸多因素的综合体现。成功与失败的原因是多方面的，但是在不同档次、不同规模、不同特色、不同风格的餐馆的经营和管理活动中，还是能够看到一些成功或失败的轨迹，使我们能有所启发和借鉴。可以重视以下几个方面问题。

1. 餐馆经营者要提高个人综合素质，要勤于思考，善于学习和借鉴他人经验，从一开始企业选址、经营内容等关键问题要能深入调研，科学决策，重视制定并实行本企业可行性的规章制度，下气力抓好企业的进、销、存运转关键环节，并能够吃苦耐劳地用心经营，企业才会不断发展。从一些成功的大型餐饮企业的发展历程看，也是从起步时就比较有章法，逐步发展。

2. 经营者要能够知人善任，任人唯贤。要善于把管理人员和主要技术人员作为中坚力量团结好，使员工、干部、领导团结一致，有较强的团队精神。用人之道不是简单的喝过几次酒，说几句表示信任的话就行，而要明确职责，健全制度，充分授权，奖罚分明。让下属工作有尊严和自信，才会有更大积极性。如果是职责不清，责任不明，令出多门，早晚要出问题。

3. 要严格管理菜品质量，严格按程序加工制作菜点。要重视消费者的反馈，认真研究主流消费人群的消费口味和消费习惯，"食无定味，适口者珍"，要最大限度地满足消费者的需要。如果只是主观地确定经营品种，不对当地饮食习惯及自己的优劣作全面具体分析，就会门可罗雀。

4. 做好员工培训工作，不断提高其综合素质和工作能力、技术能力，灌输餐馆企业精神，狠抓服务员的服务态度和服务技能，要按服务程序为顾客服务，认真贯彻服务人员的岗位责任制，不断推出便民、利民的新举措，以赢得"上帝"的赞许。

5. 菜品的定价应做到合理，要经过成本核算，不随意涨价、打折或用其他手段欺骗顾客，菜品价格要根据市场的变化适度调整；抓好采购环节，杜绝经营中的跑、冒、滴、漏，降低成本。要抓好财会、储存保管和原料发放工作。即便经营者原来不熟悉餐饮行业，只要多学习行业知识，虚心求教，认真了解和掌握企业的成本核算和毛利升降的知识，就能抓住"经济命脉"。

6. 抓住商机做好广告和促销活动，不断提高自己的知名度和顾客认知度。利用各种节假日开展各种活动，以争取到更多宾客的参与，抓住节假日的消费群体扩大销售。要不断增加新产品新花样以满足顾客需求。要不断增加新的服务内容和项目，使顾客总有新的感觉，从而满足顾客求新、求特、求奇的饮食观念和要求。

7. 经营者要全盘考虑企业的各项工作，在发现和解决问题的时候，注意问题的相关性和系统性，不能头痛医头，脚痛医脚，切忌经营中的各个环节没有明确的规范要求，经营指挥的随意性太大，使得下属无所适从。要不断总结经验，居安思危，做好工作计划，讲究工作方法，努力发挥所有员工的才智，使企业立于不败之地。

8. 要适时推出新品

餐饮市场最为重要的竞争内容之一，就是菜点质量和品种的竞争。企业在制定经营策略时，要把菜点创新作为企业经营决策的一个重要内容，它能为企业赢得丰厚的利润和社会上的知名度，为企业的可持续发展提供可靠的保证。

要想获得比别人更多的利润，就要比别人做得更好、更出色；而要想比别人做得更好、更出色，就必须有所创新。创新的途径，靠的是运用智慧，集体协作，集思广益，勤奋学习，达到"为我所用，为我所有"的目的。

总之，经营管理者应抓住餐厅经营的关键点，创造和谐的运行管理机制，这样才能在市场竞争中立于不败之地。